HARCOURT SCHOOL PUBLISHERS

¡A pensar en Matemáticas!

Práctica

Developed by Education Development Center, Inc. through National Science Foundation

Grant No. ESI-0099093

Harcourt
SCHOOL PUBLISHERS

¡Visite *The Learning Site!*
www.harcourtschool.com/thinkmath

HARCOURT SCHOOL PUBLISHERS

¡A pensar en Matemáticas!

ISBN 13: 978-0-15-363930-2

ISBN 10: 0-15-363930-X

2 3 4 5 6 7 8 9 10 170 16 15 14 13 12 11 10 09 08

This program was funded in part through the National Science Foundation under Grant No. ESI-0099093. Any opinions, findings, and conclusions or recommendations expressed in this program are those of the authors and do not necessarily reflect the views of the National Science Foundation.

Contenido

Contenido

Contenido

These pages provide additional practice for each lesson in the chapter. The exercises are used to reinforce the skills being taught in each lesson.

Práctica

Introducción a los cuadrados mágicos

En un cuadrado mágico, las sumas de todas las filas, columnas y diagonales dan el mismo resultado. Comprueba si estas cuadrículas son cuadrados mágicos.

1

2	2	1	
1	2	3	6
3	2	1	
6			

◯ Sí ◯ No

2

3	2	7	
8	4	0	12
1	6	6	

◯ Sí ◯ No

3

15	14	7	
4	12	20	
17	10	9	
	36		

◯ Sí ◯ No

Completa los cuadrados mágicos.

4

			18
8		3	18
	6		18
9	5	4	18
18	18	18	18

5

			12
7		3	
	4		12
5		1	
12			

6

4			
	7		
10	1	10	21

Preparación para las pruebas

7 Cedric tiene una moneda de 25¢ para comprar lápices. Los lápices valen 4¢ cada uno o 3 por 10¢. Si Cedric compra 7 lápices, ¿cuánto cambio recibirá?

A. 1¢

B. 3¢

C. 9¢

D. 11¢

Sumar cuadrados mágicos

Suma los cuadrados mágicos.

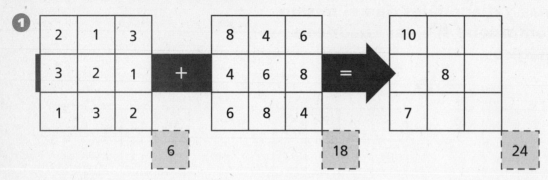

Completa los cuadrados mágicos y luego súmalos.

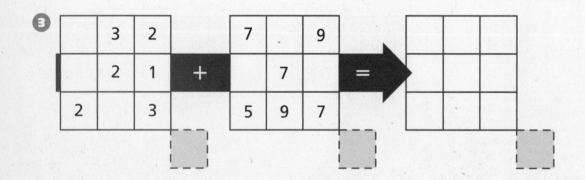

Preparación para las pruebas

4 ¿Cuánto es 8 + (6 ÷ 2)?

A. 7   **C.** 11

B. 10   **D.** 16

Restar cuadrados mágicos

Resta los cuadrados mágicos.

1

$8 - 2 = 6$

8	1	6
3	5	7
4	9	2

−

2	1	3
3	2	1
1	3	2

=

6		
	3	
	3	

2

13		8
4	9	
10	12	5

−

8		6
3	5	7
4	9	

=

3

	5	11
	9	9
7		7

−

5		2
	4	
6	3	3

=

Preparación para las pruebas

4 ¿Qué operación está en la misma familia de operaciones que $72 \div 9 = \blacksquare$?

A. $9 \times \blacksquare = 72$

B. $72 \times 9 = \blacksquare$

C. $\blacksquare \div 72 = 9$

D. $9 \div \blacksquare = 72$

Multiplicar cuadrados mágicos

Multiplica los cuadrados mágicos por el número dado.

1

8	1	6
3	5	7
4	9	2

×2 =

16	2	
6	10	

2

5	0	7
6	4	2
1	8	3

×4 =

		8

3

4	9	2
3	5	7
8	1	6

×1 =

8		

4

5	0	7
6	4	2
1	8	3

×6 =

5

8	1	6
3	5	7
4	9	2

×3 =

		18

6

6	7	2
1	5	9
8	3	4

×5 =

Preparación para las pruebas

7 ¿De cuántas maneras puedes formar 35¢ usando solo monedas de 10¢, de 5¢ o de 25¢? Explica cómo hallaste la respuesta.

_____

_____

_____

_____

Dividir cuadrados mágicos entre números

Divide los cuadrados mágicos entre el número dado.

1

40	5	30
15	25	35
20	45	10

÷ 5 =

2

54	63	18
9	45	81
72	27	36

÷ 9 =

3

24	10	20
		22
16		12

÷ 2 =

12		10
		11

4

	36	
	28	
40	20	24

÷ 4 =

5

	30	27
36		12
		33

÷ 3 =

6

30		40
55	45	
		60

÷ 5 =

Preparación para las pruebas

7 Sally compró 2 reglas a 15¢ cada una y 7 gomas de borrar a 3¢ cada una. ¿Cuánto gastó Sally? Explica.

_____

_____

Trabajar desde el final y desde el principio

Trabaja desde el final hasta el principio para completar los cuadrados mágicos.

1

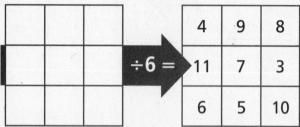

÷7 =

5	10	3
4	6	8
9	2	7

2

÷6 =

4	9	8
11	7	3
6	5	10

3

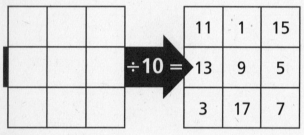

÷10 =

11	1	15
13	9	5
3	17	7

4

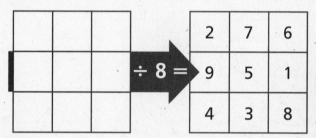

÷ 8 =

2	7	6
9	5	1
4	3	8

5

× 7 =

28	63	14
21	35	49
56	7	42

6

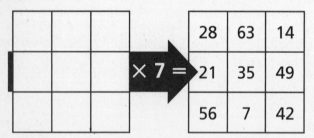

×10 =

50	0	70
60	40	20
10	80	30

Preparación para las pruebas

7 Shaina tiene que salir para la escuela en 25 minutos. ¿A qué hora tiene que salir? Explica cómo hallaste tu respuesta.

_____

_____

Introducción a las matrices

Escribe el número de fichas cuadradas dentro de cada rectángulo.

	4	8	3	6	9	5
3	12	○	○	○	○	○
6	○	○	○	○	○	○
8	○	○	○	○	○	○
4	○	○	○	○	○	○
7	○	○	○	42	○	○

Preparación para las pruebas

1 Bill pagó $9.20 por dos juguetes. ¿Qué dos juguetes compró? Explica cómo hallaste tu respuesta.

Venta de juguetes	
Carro	$1.30
Barco	$1.80
Jet	$5.80
Tren	$2.50
Avión	$3.40
Cohete	$7.30

_____

_____

Separar Matrices

En cada dibujo, calcula cuántos puntos hay en cada sección. También halla el número total de puntos que hay en cada matriz.

1

	12
6	

Total [ ]

2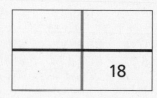

	18

Total [ ]

3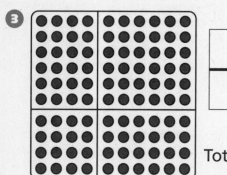

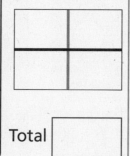

Total [ ]

4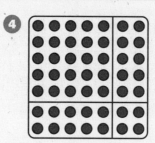

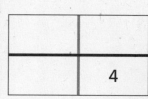

	4

Total [ ]

Preparación para las pruebas

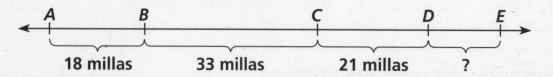

A — B — C — D — E

18 millas   33 millas   21 millas   ?

5 Hay 85 millas desde **A** hasta **E**. Halla la distancia entre **D** y **E**.

A. 3 millas   C. 11 millas

B. 7 millas   D. 13 millas

6 6 El señor Logan recorrió desde **B** hasta **C** y luego hasta **D** antes de regresar a **B**. ¿Cuántas millas recorrió el señor Logan?

A. 54 millas   C. 108 millas

B. 72 millas   D. 144 millas

Sumar secciones de matrices

**¡Ay, no! Se derramó jugo sobre las tarjetas de puntos.
¿Cuántos puntos había antes de que se derramara?**

1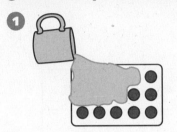

☐ puntos

2

☐ puntos

3

☐ puntos

4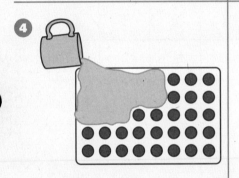

☐ puntos

5

☐ puntos

6

☐ puntos

Preparación para las pruebas

7 Maria tiene 12 monedas que suman 28¢. ¿Qué
monedas tiene? Explica cómo hallaste tu respuesta.

_____

_____

_____

_____

Explorar un método abreviado de multiplicación

Completa las tablas de multiplicación. Busca métodos abreviados como ayuda.

1

	1	2	3	4
× 3	3	6		

2

	2	4	6	8
× 4				

3

	3	6	9	10
× 5				

4

	1	2	3	5
× 6				

5

	1	3	4	7
× 7				

6

	2	4	8	10
× 10				

Preparación para las pruebas

7 La señora Schmidt compró 26 cuadernos para su clase. Los cuadernos vienen en paquetes de 5 y en paquetes de 3. ¿Qué 2 combinaciones diferentes de paquetes de cuadernos puede haber comprado? Explica cómo hallaste tu respuesta.

_____

_____

_____

Usar un método abreviado de multiplicación

Completa las tablas de multiplicación.
Busca métodos abreviados.

1

×	5	3	8
5	25	15	
2	10		
7	35		

2

×	5	2	7
5			
3			
8			

3

×	3	6	9
3			
6			
9			

4

×	5	10	15
2			
4			
6			

5

×	7	8	9
5			
10			
15	105		135

6

×	10	8	18
5			
4			
9			

Preparación para las pruebas

7 ¿Quién tiene más dinero ahorrado?

A. Emma   C. Allen

B. Jenny   D. Peter

8 ¿Cuánto dinero más que Allen tiene Evan?

A. $0.50   C. $2.25

B. $1.50   D. $2.50

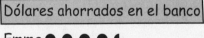

Dólares ahorrados en el banco

Emma ● ● ● ● (
Evan ● ● ● ●)
Jenny ● ● ● ● ● ● ●
Allen ● ● (
Peter ● ● ● ● ● ● (

Cada ● representa un dólar.

Relacionar la multiplicación y la división

Completa las familias de operaciones.

1

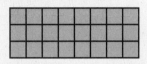

$3 \times 8 = 24$

$\square \times \square = \square$

$24 \div \square = \square$

$\square \div \square = \square$

2

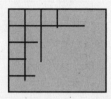

$\square \times \square = 30$

$\square \times \square = \square$

$\square \div \square = \square$

$\square \div \square = \square$

3

$7 \times 4 = \square$

$\square \times \square = \square$

$\square \div \square = \square$

$\square \div \square = \square$

Preparación para las pruebas

4 Cecilia compró 4 paquetes de cuentas. Cada paquete tenía 15 cuentas. Si usó 37 cuentas, ¿cuántas sobraron? Explica tu respuesta.

_____

_____

Matrices con números sobrantes

**Todos los saltos deben ser de 3 espacios de largo o de
1 espacio de largo. Muestra cómo llegar a casa con
la menor cantidad posible de saltos.**

1

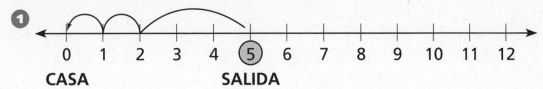

$\boxed{1}$ salto de **3**, $\boxed{}$ saltos de **1**

2

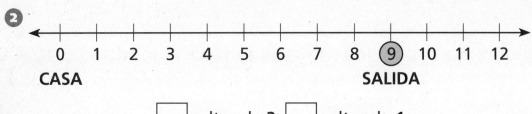

$\boxed{}$ saltos de **3**, $\boxed{}$ saltos de **1**

3

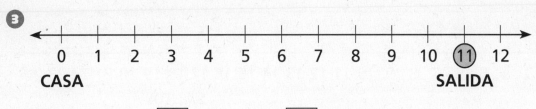

$\boxed{}$ saltos de **3**, $\boxed{}$ saltos de **1**

Preparación para las pruebas

4 Sue condujo desde Hartford a Boston en 4 horas y 15 minutos. Salió a las 11:20 a.m. ¿A qué hora llegó a Boston?

A. 2:35 p.m. **C.** 3:55 p.m.

B. 3:35 p.m. **D.** 4:35 p.m.

5 ¿Cuál de los siguientes enunciados no pertenece a la familia de operaciones de 2, 8 y 16?

A. $8 \times 2 = 16$

B. $16 \div 2 = 8$

C. $8 \div 2 = 4$

D. $2 \times 8 = 16$

Trabajar con residuos

**Todos los saltos deben ser de 4 espacios de largo o de
1 espacio de largo. Muestra cómo llegar a casa con
la menor cantidad posible de saltos.**

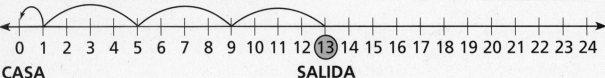

0 1 2 3 4 5 6 7 8 9 10 11 12 13 14 15 16 17 18 19 20 21 22 23 24

CASA   SALIDA

$\boxed{3}$ saltos de **4,** $\boxed{}$ salto de **1**

0 1 2 3 4 5 6 7 8 9 10 11 12 13 14 15 16 17 18 19 20 21 22 23 24

CASA   SALIDA

$\boxed{}$ saltos de **4,** $\boxed{}$ saltos de **1**

0 1 2 3 4 5 6 7 8 9 10 11 12 13 14 15 16 17 18 19 20 21 22 23 24

CASA   SALIDA

$\boxed{}$ saltos de $\boxed{}$ saltos de

Preparación para las pruebas

4 ¿Qué número no es múltiplo
de 9?

A. 24   C. 54

B. 36   D. 81

5 Lana compró 8 docenas de
huevos y Gina compró 7 docenas
de huevos. ¿Cuántos huevos
compraron entre las dos? Explica.

_____

_____

Combinar y reducir envíos de gomas de borrar

7 gomas de borrar en un paquete
(7 gomas en total)

7 paquetes en una caja
(49 gomas en total)

7 cajas en un cajón
(343 gomas en total)

Encierra en un círculo la mejor estimación para cada cantidad de gomas de borrar.

1 2 cajas de gomas de borrar		75	100	125
2 2 cajones		700	750	800
3 4 cajones		1000	1200	1400
4 1 caja y 1 cajón		360	400	420

Usa estimaciones para completar los espacios en blanco.

5 Un cliente pidió **428 gomas de borrar**. El envío contenía _____ lleno.

6 Un cliente pidió **106 gomas de borrar**. El envío contenía _____ llenas.

7 Un cliente pidió **43 gomas de borrar**. El envío contenía _____ llenos.

8 Un cliente pidió **312 gomas de borrar**. El envío contenía _____ llenos.

9 Un cliente pidió **214 gomas de borrar**. El envío contenía _____ llenas.

Preparación para las pruebas

10 Hay 4 cuartos en 1 galón. ¿Cuántos cuartos hay en 5 galones? Explica cómo lo sabes.

_____

_____

Registros de envío en la Tienda de Gomas de Borrar

- • una goma de borrar   —— un paquete con 7 gomas
- ▢ una caja con 7 paquetes (49 gomas)
- ⬛ un cajón con 7 cajas (49 paquetes o 343 gomas de borrar)

1 Completa los registros.

Envío	Total de gomas de borrar	Forma abreviada	⬛ ▢ — •
A	10	— • • •	___, ___, ___, ___
B	100		0, 2, 0, 2
C			0, 6, 0, 6
D	500	⬛ ▢▢ — • • •	___, ___, ___, ___
E		⬛⬛ ▢▢▢ —— • • • / ▢▢▢ —— • • •	___, ___, ___, ___

Preparación para las pruebas

2 Mary tenía 26 libros para distribuir en 3 estantes. Quería que la cantidad de libros en cada estante fuera la misma, pero eso era imposible. Entonces se propuso que 2 estantes tuvieran la misma cantidad de libros. ¿Cómo distribuyó los libros?

_____

_____

Nombre _____ Fecha _____

Organizar datos de envío

Consulta la gráfica de la Tienda de Gomas de Borrar para responder las siguientes preguntas.

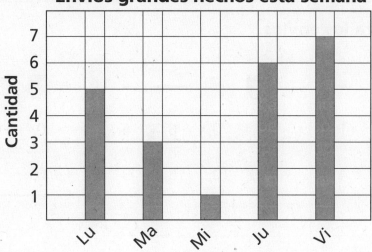

Envíos grandes hechos esta semana

❶ ¿Qué día se hizo la mayor cantidad de envíos grandes? _____

❷ ¿Entre qué dos días consecutivos aumentó más la cantidad

de envíos grandes? _____

❸ ¿Cuántos envíos grandes se hicieron esta semana? _____

Preparación para las pruebas

❹ ¿En cuál de los enunciados numéricos el número que falta es el 8?

A. 63 ÷ 9 = ■ **C.** 49 ÷ 7 = ■

B. 48 ÷ ■ = 6 **D.** 56 ÷ ■ = 9

❺ ¿Qué número va en el casillero?

37 + ■ = 100

A. 63 **C.** 67
B. 73 **D.** 57

Combinar y reducir envíos

• una goma de borrar	▢ una caja con 7 paquetes
—— un paquete con 7 gomas	un cajón con 7 cajas

Combina o separa los envíos.

❶

```
   0,  2,  3,  1
+  1,  0,  2,  4
_____
___,___,___,___
```

❷

```
   1,  0,  6,  6
−  0,  0,  5,  3
_____
___,___,___,___
```

❸

```
   0,  0,  5,  5
+  0,  1,  0,  4
_____
___,___,___,___
```

❹

```
   1,  1,  4,  6
−  0,  1,  5,  5
_____
 0 ,___,___,___
```

❺

```
   0,  0,  3,  6
+  1,  0,  3,  3
_____
___,___,___,___
```

❻

```
   2,  1,  5,  4
−  0,  2,  6,  5
_____
___,___,___,___
```

Preparación para las pruebas

❼ ¿Qué número sigue? Explica cómo hallaste la respuesta.
1, 4, 9, 16, 25, . . .

_____

_____

Embalar gomas de borrar por decenas

- una goma de borrar
- —— un paquete con 10 gomas
- ☐ una caja con 10 paquetes
- ▱ un cajón con 10 cajas

Suma o resta los envíos.

1

| 1, | 5, | 8, | 4 |
| − 0, | 4, | 6, | 1 |

___,___,___,___

2

| 2, | 2, | 6, | 5 |
| + 0, | 2, | 8, | 4 |

___,___,___,___

3

| 6, | 0, | 7, | 9 |
| + 1, | 1, | 2, | 6 |

___,___,___,___

4

| 7, | 5, | 4, | 2 |
| − 1, | 4, | 8, | 7 |

___,___,___,___

5

| 1, | 8, | 3, | 7 |
| + 1, | 1, | 4, | 9 |

___,___,___,___

6

| 6, | 7, | 2, | 0 |
| − 1, | 0, | 8, | 8 |

___,___,___,___

Preparación para las pruebas

7 La tabla muestra la cantidad de personas que visitaron el zoológico durante los primeros 4 años que estuvo abierto. ¿Qué lista muestra la cantidad de visitantes en orden de menor a mayor?

Año	Cantidad de visitantes
1	4,290
2	3,924
3	3,409
4	4,092

A. 4,290, 4,092, 3,924, 3,409

B. 3,409, 3,924, 4,290, 4,092

C. 4,290, 3,924, 3,409, 4,092

D. 3,409, 3,924, 4,092, 4,290

Envíos múltiples

• una goma de borrar	⬜ una caja con 10 paquetes
—— un paquete con 10 gomas	▱ un cajón con 10 cajas

Halla la cantidad total de los envíos.

1

0, 1, 2, 4

×   2

_____

_____,_____,_____

2

1, 1, 6, 3

×   3

_____

_____,_____,_____

3

1, 4, 0, 8

×   7

_____

_____,_____,_____

4

1, 1, 5, 6

×   6

_____

_____,_____,_____

5

0, 0, 7, 9

×   8

_____

_____,_____,_____

6

1, 0, 8, 5

×   4

_____

_____,_____,_____

Preparación para las pruebas

7 ¿Qué problema con palabras se puede representar con el enunciado numérico $5 \times 4 = 20$?

A. Kim tenía **5** cuadernos. Compró **4** cuadernos más. ¿Cuántos cuadernos tiene?

B. Kim compró **5** paquetes de cuadernos con **4** cuadernos en cada paquete. ¿Cuántos cuadernos compró?

C. Kim tenía **5** cuadernos. Regaló **4**. ¿Cuántos cuadernos le quedaron?

D. Kim tenía **5** paquetes de cuadernos. Desembaló los cuadernos y los puso en **4** pilas. ¿Cuántos cuadernos había en cada pila?

● Repartir envíos

Completa los pedidos.

Recuerda que hay **10** gomas de borrar en un paquete, **10** paquetes en una caja y **10** cajas en un cajón.

❶

```
  1,  8,  0,  3
− 0,  4,  9,  6
─────────────
  ___,___,___
```

❷

```
  0,  0,  9,  2
+ 1,  8,  0,  9
─────────────
  ___,___,___
```

❸

```
  1,  3,  5,  5
×             6
─────────────
  ___,___,___
```

❹

```
  ___,___,___
3)0,  9,  3,  6
```

❺

```
  0,  8,  2,  4
×             5
─────────────
  ___,___,___
```

❻

```
  ___,___,___
2)1,□2,  8,  8
```

Preparación para las pruebas

❼ En la Escuela Primaria Maple Park hubo una competencia de salto a la cuerda. Peter saltó 296 veces. Selene saltó 407 veces. ¿Cuál es la mejor estimación de cuántas veces más saltó Selene que Peter?

A. 200   C. 150

B. 250   D. 100

Multiplicar y dividir envíos

Halla el total de los pedidos.

Recuerda que hay **10** gomas de borrar en un paquete,
10 paquetes en una caja y **10** cajas en un cajón.

1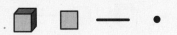

_____ , _____ , _____
4 | 0,   1, ☐ 0, ☐ 0

2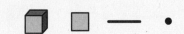

_____ , _____ , _____
3 | 4, ☐ 2,   7, ☐ 5

3

   4,   3,   6,   5
+ 2,   7,   3,   5
_____
   _____ , _____ , _____

4

   5,   2,   1,   0
− 1,   8,   3,   7
_____
   _____ , _____ , _____

5

   1,   9,   7,   2
×   _____
_____
   _____ , _____ , 1,   6

Preparación para las pruebas

6 Bobby puso 3 tazas vacías sobre la mesa. Tenía
4 piedras, que puso en las tazas. ¿Puede haber una
cantidad diferente de piedras en cada taza? Explica.

_____

_____

Relacionar registros de envío con valor posicional

¡Oh, no! ¡Alguien se olvidó de poner la mayoría de las comas!
Bueno, de todas maneras tú sabes cómo completar los problemas.

Recuerda que hay **10** gomas de borrar en un paquete,
10 paquetes en una caja y **10** cajas en un cajón.

1

```
  2,  5   6   9
+ 3,  3   1   8
_____

___,___ ___ ___
```

2

```
  5,  7   2   6
- 2,  3   4   5
_____

___,___ ___ ___
```

3

```
  1,  3   8   6
×            4
_____

___,___ ___ ___
```

4

```
___,___,___,___
    _____
  3 | 6, 6  0  9
```

5

$1{,}050 \div 10 =$ ___ ___ ___

Preparación para las pruebas

6 Brianna, Charlotte y Dani participaron en una competencia de salto:

- Brianna saltó 2 pies.

- Charlotte saltó 1 pie más que Brianna.

- Dani saltó 1 pie menos que Brianna.

¿Cuánto más saltó Charlotte que Dani? Explica tu respuesta.

_____

_____

Estimar órdenes de envío

Estima los resultados.

1

```
    3,   5   8   9
+   4,   3   1   6
_____
___, X  X  X
```

2

```
    5,   6   2   6
−   1,   2   4   5
_____
___, X  X  X
```

3

```
        ___,___  X  X
      _____
2 | 3,   0   6   2
```

4

```
        3   0   4
×               5
_____
___,___ X  X
```

5

```
    1,   2   9   2
×               4
_____
___, X  X  X
```

6

```
        ___  X  X
      _____
4 | 2,   5   8   4
```

Preparación para las pruebas

7 Para preparar su clase, la Sra. Mewton quiere que haya 4 crayolas en cada una de las 7 mesas de su salón de clases. Solo tiene 14 crayolas. ¿Qué enunciado numérico incompleto muestra cuántas crayolas más necesita?

A. $(7 \times 4) - 14 = \blacksquare$

C. $(14 - 4) \times 7 = \blacksquare$

B. $(14 - 7) \times 4 = \blacksquare$

D. $(14 + 4) \times 7 = \blacksquare$

• Introducción a los ángulos

La gráfica circular muestra los colores favoritos de dos clases:

CLASE DE LA MAESTRA PANUCCI

CLASE DEL MAESTRO BOWEN

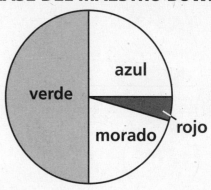

Indica si los enunciados son *verdaderos* o *falsos*.

1 En la clase de la maestra Panucci, a menos de la mitad de los estudiantes les gusta el verde. _____

2 El color que menos prefieren es el mismo en las dos clases. _____

3 El color que más prefieren es el mismo en las dos clases. _____

4 En la clase del maestro Bowen, son más los estudiantes a los que les gusta el verde que el resto de los colores combinados. _____

5 Prefieren más el azul en la clase de la maestra Panucci que en la del maestro Bowen. _____

Preparación para las pruebas

6 Esta gráfica muestra cómo les fue a los estudiantes en una prueba. ¿Cuántos estudiantes sacaron 90 o más?

A. 5 estudiantes   C. 15 estudiantes

B. 7 estudiantes   D. 24 estudiantes

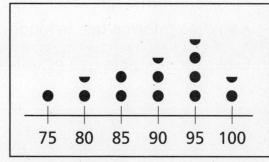

Clave: Cada ● = 2 estudiantes

Clasificar ángulos

Rotula los ángulos como *agudo*, *recto* u *obtuso*.

①

agudo

②

_____

③

_____

④

obtuso

⑤

_____

⑥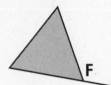

_____

⑦

_____

⑧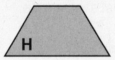

_____

⑨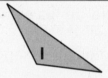

_____

Preparación para las pruebas

⑩ Jamie, Frank y Andrea midieron la longitud del mismo salón de clases usando sus propios pies como unidad de medida.

- Jamie informó que la longitud equivalía a **67** de sus pies.
- Frank informó que la longitud equivalía a **81** de sus pies.
- Andrea informó que la longitud equivalía a **92** de sus pies.

Explica cómo sabes qué estudiante tiene los pies más pequeños.

_____

_____

_____

Clasificar triángulos según los ángulos

1 Nombra los ángulos del más pequeño al más grande:

∠E , ∠___ , ∠___ , ∠___ , ∠___

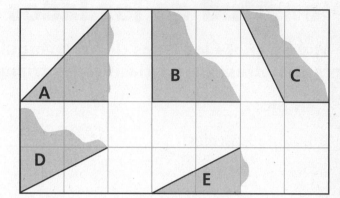

2 ∠___ , ∠___ y ∠___ son ángulos agudos.

∠___ es un ángulo recto.

∠___ es un ángulo obtuso.

3 ∠___ entra en el espacio vacío.

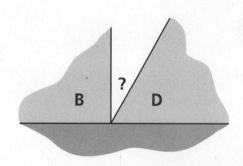

Preparación para las pruebas

Sándwich de queso	$1.50
Hamburguesa	$1.75
Perro caliente	$1.30

4 Jacob gastó exactamente $8.65 en un almuerzo para él y dos amigos. ¿Qué compró? Explica tu respuesta.

_____

_____

_____

_____

_____

_____

Clasificar triángulos según la longitud de los lados

Mide y anota los lados de los triángulos en centímetros. Luego, clasifica los triángulos.

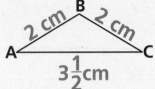

Ejemplo:

Triángulo isósceles: _____ △ABC _____

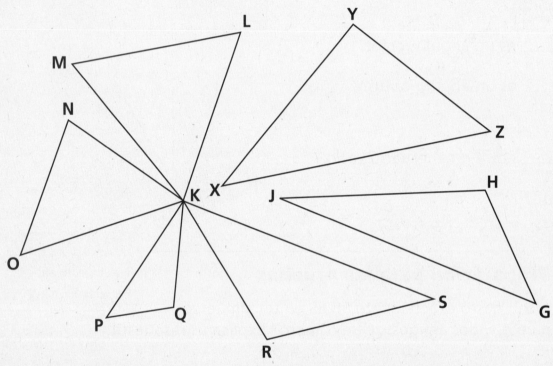

Triángulo(s) equilátero(s): _____ Triángulo(s) isósceles: _____

Triángulo(s) escaleno(s): _____

Preparación para las pruebas

1 Dos amigos planean repartir en partes iguales el costo de un juego. El juego cuesta $29.99 con impuestos incluidos. ¿Cuál es la mejor estimación de lo que tendrá que pagar cada uno?

A. $10 **B.** $14 **C.** $15 **D.** $20

2 Russell gastó 90¢ en **6** blocs de notas. Gastó 60¢ en **10** lápices. ¿Cuánto más cuesta un bloc de notas que un cuaderno?

A. 6¢ **C.** 15¢

B. 9¢ **D.** 20¢

Introducción a las rectas perpendiculares y paralelas

¿Cuántos pares de rectas paralelas hay en estos dibujos?

1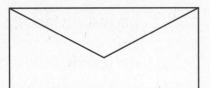

_____ par(es) de rectas paralelas

2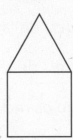

_____ par(es) de rectas paralelas

3

_____ par(es) de rectas paralelas

4

_____ par(es) de rectas paralelas

Preparación para las pruebas

5 ¿Cuáles de estos ángulos son obtusos?

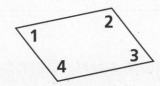

A. Ángulos 1 y 2

B. Ángulos 1 y 3

C. Ángulos 1 y 4

D. Ángulos 2 y 4

6 Enrique tiene 18 marcadores. Le da 5 a Kevin para que los dos tengan la misma cantidad de marcadores. ¿Cuántos marcadores tienen en total?

A. 36

B. 26

C. 18

D. 13

Clasificar cuadriláteros según el número de lados paralelos

Completa los espacios en blanco para estas figuras.

1
___2___ par(es) de lados paralelos
___2___ par(es) de lados iguales
___4___ ángulos rectos

2
_____ par(es) de lados paralelos
___2___ par(es) de lados iguales
_____ ángulos rectos

3
_____ par(es) de lados paralelos
_____ par(es) de lados iguales
_____ ángulos rectos

4
_____ par(es) de lados paralelos
_____ par(es) de lados iguales
_____ ángulos rectos

Dibuja los cuadriláteros que se describen abajo.
Puedes trazar las líneas de puntos como ayuda.

5
1 par de lados paralelos

Exactamente **2** ángulos rectos

6
2 pares de lados paralelos

4 ángulos rectos

4 lados iguales

Preparación para las pruebas

7 Klarke lanza dardos a diferentes blancos. Siempre acierta en alguna parte del blanco. ¿Cuál de estos blancos le da la mayor probabilidad de clavar un dardo en un área sombreada?

A.   B.   C.   D.

●Clasificar paralelogramos

**Une cada una de las figuras con su descripción.
Puedes usar una regla como ayuda.**

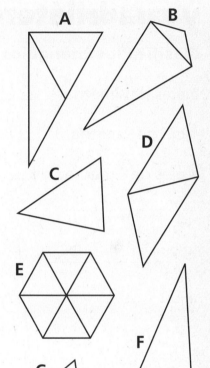

1 Un triángulo acutángulo escaleno _____

2 Un triángulo rectángulo formado por
dos triángulos isósceles: uno acutángulo
y el otro obtusángulo _____

3 Un triángulo equilátero _____

4 Un cuadrilátero formado por dos
triángulos isósceles: uno acutángulo
y uno obtusángulo _____

5 Un cuadrilátero formado por dos
triángulos congruentes _____

6 Una figura formada por triángulos
equiláteros _____

7 Un triángulo formado por dos
triángulos rectángulos _____

Preparación para las pruebas

8 Los globos largos cuestan **10¢** cada uno. Los globos redondos
cuestan **15¢** cada uno. Marie gastó **90¢** en globos. ¿Cuál es
la mayor cantidad de globos que puede haber comprado si
compró al menos uno de cada clase? Explica tu respuesta.

_____

_____

_____

_____

_____

Simetría en triángulos y cuadriláteros

Clasifica los triángulos según sus ejes de simetría.

0 ejes de simetría: _____

1 eje de simetría: _____

3 ejes de simetría: _____

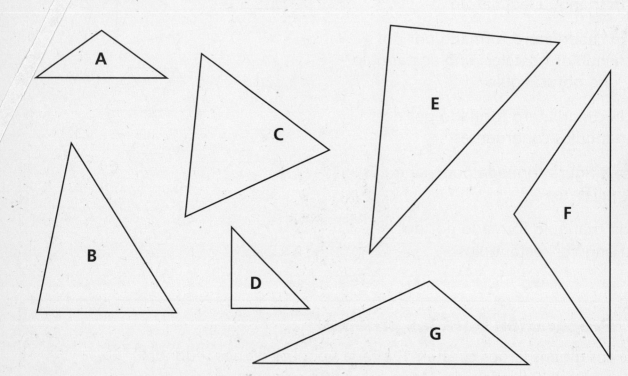

© Education Development Center, Inc.

✎ **Preparación para las pruebas**

1️⃣ Johanna empezó a jugar un videojuego a las 4:45 p.m.
Cuando terminó de jugar, su reloj mostraba esta hora:

¿Cuánto tiempo estuvo jugando? Explica.

_____

_____

_____

● Trabajar con transformaciones

1 ¿Cuántas piezas de este tamaño y con esta forma se necesitan para hacer las figuras de la cuadrícula de puntos?

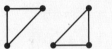 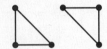

Dibuja líneas para mostrar las piezas.

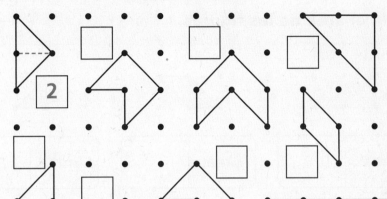

2 Este patrón se hizo repitiendo una figura.

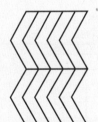

Dibuja la figura que se repite.

La figura fue: (encie... a en un círculo toda... as respuestas posibl...

Trasladada

Rotada

Reflejada

✎ Preparación para las pruebas

3 En una sala, se ordenaron sillas en 3 filas. En cada fila había 18 sillas. Después de una reunión, se sacaron 3 sillas de una de las filas.

¿Cuál se estos enunciados numéricos se puede usar para descubrir la cantidad total de sillas que quedaron después de la reunión?

A. $3 \times 18 - 3 = \blacksquare$ C. $2 \times 18 = \blacksquare$

B. $3 \times 18 + 3 = \blacksquare$ D. $2 \times 18 - 3 = \blacksquare$

Introducción al área

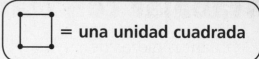 = una unidad cuadrada

Halla el área de las figuras.

Área: [ ]   Área: [ ]   Área: [ ]   Área: [ ]

Área: [ ]   Área: [ ]   Área: [ ]

 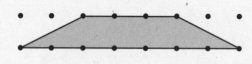

Área: [ ]   Área: [ ]

Preparación para las pruebas

1 ¿Cuántos ejes de simetría parece tener esta figura?
Explica cómo hallaste la respuesta.

_____

_____

_____

_____

Combinar figuras congruentes para hallar el área

1 Haz una copia del triángulo. Recórtala. Si lo deseas, úsala para completar el resto del problema.

Traza líneas para mostrar cuántas copias de este triángulo se necesitarían para cubrir cada una de las figuras de abajo.

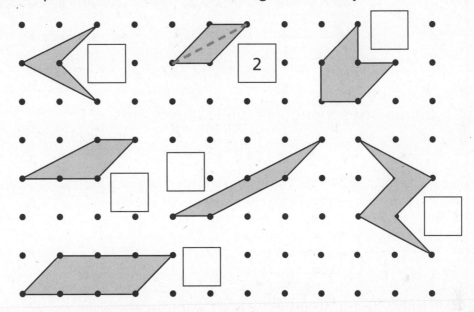

Preparación para las pruebas

2 Estas son las primeras 4 tarjetas de un patrón:

Si el patrón continúa de esta manera, ¿cuántas tarjetas tendrán más de 50 puntos pero menos de 100 puntos? Explica cómo hallaste la respuesta.

_____

_____

Hallar áreas desconocidas con áreas conocidas

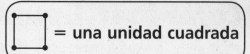 = una unidad cuadrada

1 Cada uno de estos triángulos ocupa un área de _____ unidades cuadradas. Dibuja otros triángulos con la misma área.

2 El área del triángulo de abajo es _____ unidades cuadradas. Dibuja otros triángulos con la misma área.

3 El área del triángulo de abajo es _____ unidades cuadradas. Dibuja otros triángulos con la misma área.

Preparación para las pruebas

4 ¿Cuántos minutos hay en 5 horas 38 minutos? Explica.

_____

_____

_____

Introducción a las unidades estándares para medir áreas

Completa la tabla con el área de las partes sombreadas, el área de las partes sin sombrear y el área total que tiene cada figura.

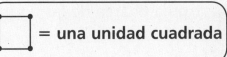
= una unidad cuadrada

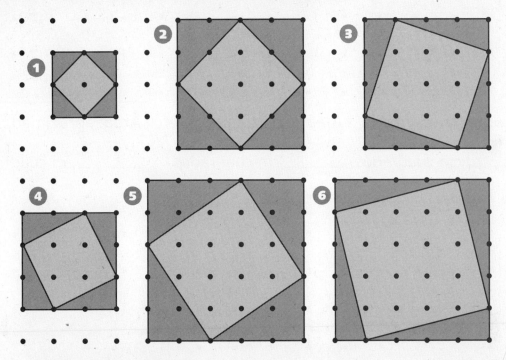

Área (cm cuadrados)	❶	❷	❸	❹	❺	❻
área gris oscura	2					
área gris clara	2					
Total	4					

Preparación para las pruebas

❼ ¿Qué tipo de triángulo es este?

A. rectángulo   C. isósceles

B. escaleno   D. equilátero

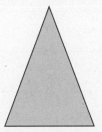

Estimar áreas en unidades estándares

1 Estima el área de las figuras en centímetros cuadrados.

☐ es 1 cm cuadrado

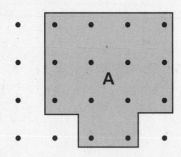

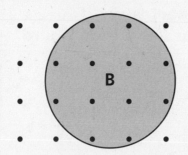

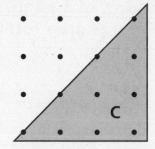

Área: aproximadamente   **Área:** aproximadamente   **Área:** aproximadamente

_____ cm cuadrados   _____ cm cuadrados   _____ cm cuadrados

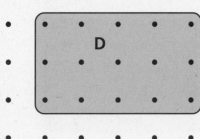

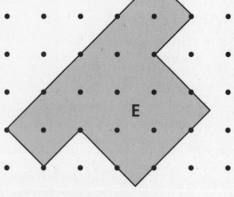

Área: aproximadamente _____
cm cuadrados

Área: aproximadamente _____
cm cuadrados

Preparación para las pruebas

2 El equipo de básquetbol de Sherry tiene una práctica de 40 minutos
día por medio. ¿Cuántas horas practica el equipo en 12 días? Explica.

_____

_____

_____

Introducción al perímetro

**Mide la longitud y el ancho de los rectángulos.
Luego, halla el perímetro.**

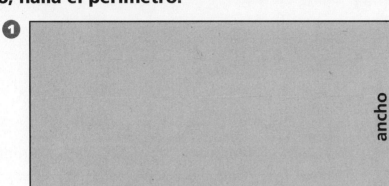

1 longitud ancho

2 ancho longitud

3 longitud ancho

Rectángulo	Longitud	Ancho	Perímetro
1	cm	cm	cm
2	cm	cm	cm
3	cm	cm	cm

Preparación para las pruebas

4 Maya hizo una colcha con retazos como este.
Mide la longitud y el ancho del retazo y redondea
al centímetro más cercano. ¿Cuál es el perímetro
de este retazo?

A. 9 cm   **C.** 18 cm

B. 10 cm   **D.** 20 cm

Relacionar el perímetro y el área

Halla el perímetro de los cuadriláteros.

❶
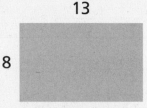

13

8

rectángulo

_____ unidades

❷

20

6

paralelogramo

_____ unidades

❸

7

7

cuadrado

_____ unidades

❹
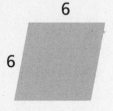

6

6

rombo

_____ unidades

❺

5   11

5   11

cuadrilátero

_____ unidades

❻
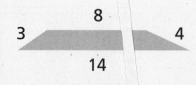

8

3   4

14

trapecio

_____ unidades

❼ Enumera las figuras con dos pares de lados paralelos. __1__ ____ ____ ____

❽ ¿Qué figura tiene exactamente un par de lados paralelos? _____

❾ Enumera las figuras con cuatro lados iguales. _____ _____

❿ Enumera las figuras con cuatro ángulos rectos. _____ _____

⓫ ¿Qué figura tiene cuatro lados iguales y cuatro ángulos rectos? _____

Preparación para las pruebas

⓬ Describe un triángulo escaleno. _____

⓭ Describe un triángulo isósceles. _____

⓮ Describe un triángulo equilátero. _____

Crucigramas de multiplicación

Completa los crucigramas.

 ① 9 × 4

 ② 7 × 3

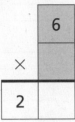 ③ 6 × 2

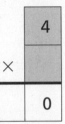 ④ 4 × 0

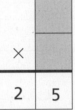 ⑤ × 2 5

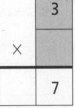 ⑥ 3 × 7

 ⑦ 8 × 3

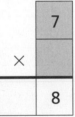 ⑧ 7 × 8

 ⑨ 8 × 1

Preparación para las pruebas

⑩ Stan tiene un plan de mesada semanal poco común. Recibe **10¢** los lunes, **20¢** los martes, **30¢** los miércoles y así sucesivamente. Es decir, siempre recibe **10¢** los lunes y, el resto de los días de la semana, la mesada del día siguiente es siempre **10¢** más que la del día anterior.

Si empieza a contar un lunes, ¿cuánto dinero recibirá Stan en total después de 10 días? Explica tu respuesta.

_____

_____

Múltiplos de 10 y 100

1 2 × 3 = ☐

2 × 30 = ☐

20 × 3 = ☐

20 × 30 = ☐

2 6 × 8 = ☐

6 × 80 = ☐

60 × 8 = ☐

60 × 80 = ☐

3 4 × 8 = ☐

4 × 80 = ☐

40 × 8 = ☐

40 × 80 = ☐

4 3 × 4 = ☐

30 × 4 = ☐

3 × 40 = ☐

30 × 40 = ☐

5 8 × 9 = ☐

8 × 90 = ☐

80 × 90 = ☐

80 × 9 = ☐

6 × 9 = ☐

60 × 90 = ☐

60 × 9 = ☐

6 × 90 = ☐

7 4 × 6 = ☐

4 × 60 = ☐

40 × 60 = ☐

40 × 6 = ☐

8 6 × 7 = ☐

6 × 70 = ☐

60 × 7 = ☐

60 × 70 = ☐

9 9 × 7 = ☐

90 × 70 = ☐

9 × 70 = ☐

90 × 7 = ☐

Preparación para las pruebas

10 ¿Cuál sería el 9no. número de la secuencia?

5, 10, 15, . . .

A. 35   C. 50

B. 45   D. 90

11 Ariel calculó que camina 3 cuadras en 8 minutos. ¿Cuánto tardará en caminar 9 cuadras?

A. 9 minutos   C. 24 minutos

B. 18 minutos   D. 27 minutos

Usar matrices para representar la multiplicación

Completa la tabla para hallar el número de cuadrados de la matriz.

1 13 × 4

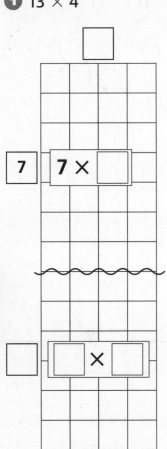

7	7 × ☐

| ☐ | × | ☐ |

×	4
7	
13	

2 6 × 14

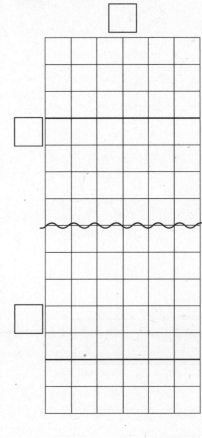

×	6
14	

✏️ **Preparación para las pruebas**

3 El producto de dos números es igual a su suma.
Los números pueden ser iguales o distintos.
¿Qué números son? Explica tu respuesta.

_____

_____

_____

Dividir matrices más grandes

Completa la tabla y halla el número de cuadrados de la matriz.

1 18 × 11 = ☐

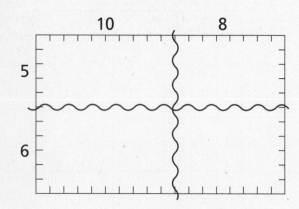

2 12 × 15 = ☐

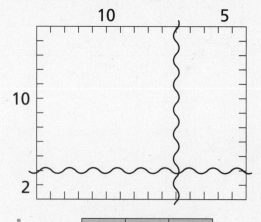

Preparación para las pruebas

3 Se hizo una encuesta a los estudiantes de octavo grado de la Escuela Central para ver cuántos participaban en las actividades de la derecha. Cada estudiante encuestado participaba en exactamente dos actividades. Estos fueron los resultados.

Banda 卌 卌 卌 卌 III
Coro 卌 卌 卌 卌 I
Orquesta 卌 III
Teatro 卌 卌 卌 卌 卌 I

¿Cuántos estudiantes participaron en la encuesta? Explica tu respuesta.

_____

_____

Elegir problemas más sencillos

¿Cuántas fichas 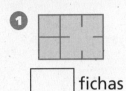 necesitas para cubrir los diseños?

1

_____ fichas

2

_____ fichas

3

_____ fichas

4

_____ fichas

5

_____ fichas

6

_____ fichas

7

_____ fichas

8

_____ fichas

9

20

20

_____ fichas

10

10

10

_____ fichas

De las tablas a anotar una operación de forma vertical

Halla los productos.

1

4	×	8	= ☐
4	×	80	= ☐
3	×	8	= ☐
30	×	8	= ☐
30	×	80	= ☐
34	×	80	= ☐

2

5	×	6	= ☐
5	×	60	= ☐
7	×	6	= ☐
70	×	6	= ☐
70	×	60	= ☐
75	×	60	= ☐

3

$19 \times 30 =$ ☐

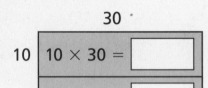

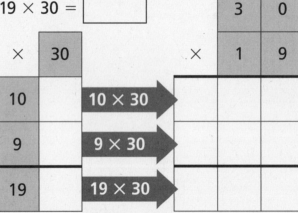

Preparación para las pruebas

4 La Escuela Primaria Thompson tiene **25** pupitres en cada salón de clases. La escuela tiene **1,625** estudiantes. Escribe un enunciado numérico usando *n* de modo que *n* sea igual al número de salones de clases que se necesitan para todos los estudiantes. Explica tu respuesta.

_____

_____

_____

● Anotar el proceso de multiplicación

Completa los números que faltan.

1

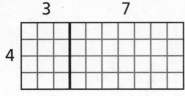

$(3 \times 4) + (7 \times 4) = \boxed{} \times 4 = \boxed{}$

2 $(12 \times 4) + (12 \times 16) = 12 \times \boxed{} = \boxed{}$

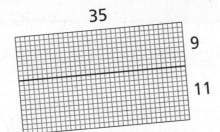

3

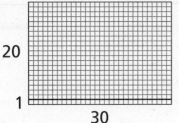

$(35 \times 9) + (35 \times 11) = 35 \times \boxed{} = \boxed{}$

4

$21 \times 30 = (20 \times 30) + (\boxed{} \times 30) =$

$\boxed{} + \boxed{} = \boxed{}$

Preparación para las pruebas

5 ¿Cuántos números de **2 dígitos** se pueden formar usando cualquiera de estas tarjetas

para el dígito de las decenas y cualquiera de estas tarjetas para el dígito de las unidades?

A. 24 números

B. 25 números

C. 30 números

D. 36 números

Comprobar si la respuesta es razonable

Completa los enunciados de multiplicación.
Completa las cuadrículas si es necesario.

$30 \times 30 =$ ☐ $40 \times 40 =$ ☐ $49 \times 49 =$ ☐

$29 \times 31 =$ ☐ $39 \times 41 =$ ☐ $48 \times 50 =$ ☐

	2	9
×	3	1

	3	9
×	4	1

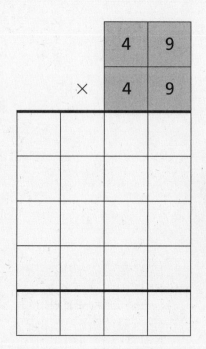

	4	9
×	4	9

Preparación para las pruebas

¿Qué dos enunciados son correctos?

1. $72 \div 8 = 7$ 2. $72 \div 8 > 7$

3. $56 \div 7 < 7$ 4. $56 > 7 \times 7$

A. 1 y 3   **C.** 1 y 2

B. 2 y 4   **D.** 3 y 4

¿Con cuál de estas combinaciones no obtienes $1.19?

A. 4 monedas de 25¢, 3 monedas de 5¢, 4 monedas de 1¢

B. 4 monedas de 25¢, 2 monedas de 10¢, 4 monedas de 1¢

C. 4 monedas de 25¢, 1 moneda de 10¢, 9 monedas de 1¢

D. 3 monedas de 25¢, 4 monedas de 10¢, 4 monedas de 1¢

Situaciones de multiplicación

1. Ryan está tratando de recordar la combinación de
3 dígitos de su casillero. Recuerda que el 6 es el primer
dígito, pero no logra recordar el segundo dígito.
Solo recuerda que el tercer dígito es un número impar.
¿Cuál es el mayor número de combinaciones que
podría probar Ryan antes de lograr abrir el casillero? _____ combinaciones

_____

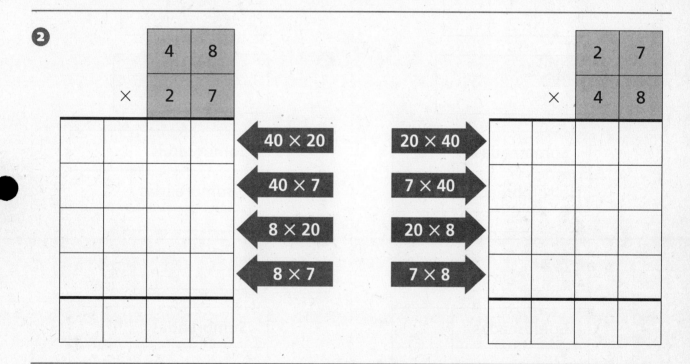

2.

3. Usa la estimación para unir los problemas con las respuestas.

36×6	1,836
306×6	156
36×36	10,656
13×12	216
96×111	1,296

Explorar fracciones

Escribe fracciones que nombren las partes indicadas de cada dibujo.

1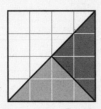

| | $\dfrac{1}{2}$ | |

2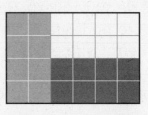

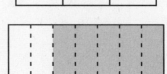

3

Sombreadas	
No sombreadas	

4

Sombreadas	
No sombreadas	

5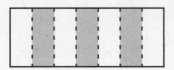

Sombreadas	
No sombreadas	

6

Sombreadas	
No sombreadas	

Preparación para las pruebas

7 Unos niños repartieron 18 canicas en partes iguales. Cada niño recibió más de una canica y sobraron 4. ¿Cuántos niños había? Explica.

_____

_____

_____

_____

Explorar fracciones mayores que 1

En los problemas de esta página, vale 1.

Halla la fracción sombreada de los hexágonos.

1

_____

2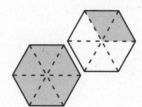

_____

3

_____

4

_____

5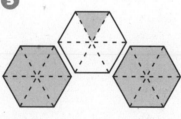

_____

6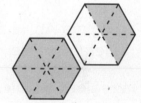

_____

Preparación para las pruebas

7 ¿Qué figura es exactamente $\frac{1}{3}$ del tamaño de ?

A.

B.

C.

D.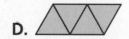

8 Sandra usó una regla para hacer esta lista de números.

1, 2, 5, 10, 17, ■

¿Qué número sigue?

A. 20   C. 26

B. 24   D. 34

Explorar fracciones con regletas de Cuisenaire®

Usa regletas de Cuisenaire® para responder estas preguntas.

1 Si el cubo Bl vale 1, entonces
la regleta R vale _____.

BI
R
Vc
Mo
Am
Vo
N
Ma
Az
An

2 Si la regleta Vc vale 1, entonces
la regleta R vale _____.

3 Si la regleta R vale 1, entonces
el cubo Bl vale _____.

4 Si el cubo Bl vale 1, entonces
la regleta An vale _____.

5 Si la regleta R vale 1, entonces
la regleta Am vale _____.

6 Si la regleta An vale 1, entonces
la regleta Am vale _____.

7 Si la regleta Vc vale 1, entonces,
la regleta N vale _____.

Preparación para las pruebas

8 Tom compró 3 CD. Cada CD
cuesta $17.99 con impuestos
incluidos. ¿Cuál es la mejor
estimación del costo de los CD?

A. $30

B. $45

C. $60

D. $80

9 La familia de Evan comió $\frac{5}{8}$ de
una pizza. ¿Cuánta pizza quedó?

A. $\frac{1}{8}$

B. $\frac{2}{8}$

C. $\frac{3}{8}$

D. $\frac{5}{8}$

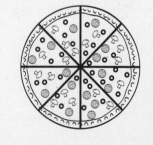

● Razonar sobre fracciones formadas con regletas de Cuisenaire®

Usa las regletas de Cuisenaire® para completar los siguientes enunciados.

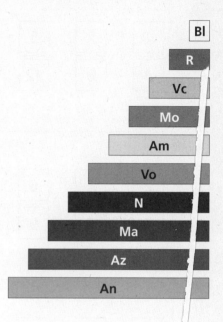

❶ La regleta _____ es $\frac{1}{2}$ de la longitud de la regleta R.

❷ La regleta Vc es $\frac{1}{2}$ de la longitud de la regleta _____.

❸ La regleta _____ es $1\frac{1}{4}$ de la longitud de la regleta Mo.

❹ La regleta An es $1\frac{1}{4}$ de la longitud de la regleta _____.

❺ La regleta _____ es $1\frac{1}{2}$ de la longitud de la regleta R.

❻ La regleta Vo es $1\frac{1}{2}$ de la longitud de la regleta _____.

❼ La regleta _____ es $1\frac{2}{3}$ de la longitud de la regleta Vc.

Preparación para las pruebas

❽ Jamie cortó una soga de 10 pies en 3 partes iguales. ¿Cuánto medía cada parte? Explica.

_____

_____

_____

_____

Fracciones de un pie

Halla fracciones equivalentes para completar los patrones.

1

$\dfrac{1}{4}$ $\dfrac{2}{8}$ $\dfrac{3}{12}$ $\dfrac{4}{\Box}$ $\dfrac{\Box}{20}$ $\dfrac{\Box}{40}$ $\dfrac{25}{\Box}$ $\dfrac{\Box}{1{,}000}$

2

$\dfrac{2}{3}$ $\dfrac{\Box}{6}$ $\dfrac{6}{9}$ $\dfrac{20}{30}$ $\dfrac{\Box}{60}$ $\dfrac{\Box}{90}$ $\dfrac{400}{\Box}$ $\dfrac{\Box}{900}$

3

$\dfrac{5}{25}$ $\dfrac{1}{\Box}$ $\dfrac{10}{50}$ $\dfrac{25}{\Box}$ $\dfrac{\Box}{100}$ $\dfrac{15}{\Box}$ $\dfrac{6}{\Box}$ $\dfrac{60}{\Box}$

Preparación para las pruebas

4 Una docena se puede dividir equitativamente entre 2, 3 o 4, pero no entre 5.

¿Es verdadero para 5 docenas el mismo enunciado? Explica.

_____

_____

_____

5 Morgan lee 4 páginas en 10 minutos. ¿Cuántas páginas puede leer en 15 minutos? Explica.

_____

_____

_____

_____

_____

Comparar fracciones con $\frac{1}{2}$

Sombrea $\frac{1}{2}$ de cada dibujo.

1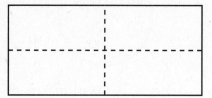

2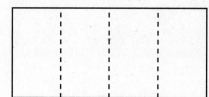

3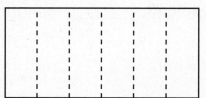

4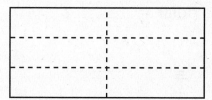

5

6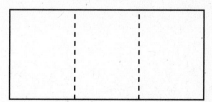

Preparación para las pruebas

7 La clase de la maestra Lewis votó para elegir un presidente de la clase. La gráfica muestra los resultados.

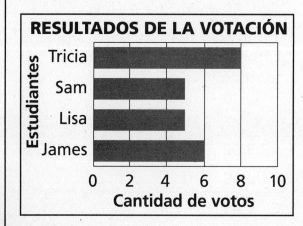

RESULTADOS DE LA VOTACIÓN

¿Cuántos estudiantes votaron? _____

¿Cuántos estudiantes votaron por Tricia? _____

¿Cuántos estudiantes no votaron por Tricia? _____

¿Qué fracción de los estudiantes votó por Tricia? _____

¿Qué fracción de los estudiantes no votó por Tricia? _____

Comparar fracciones

①

1 dólar = 100¢

$\frac{1}{10}$ de dólar = _____ ¢

$\frac{2}{10}$ de dólar = _____ ¢

$\frac{5}{10}$ de dólar = _____ ¢

$\frac{9}{10}$ de dólar = _____ ¢

$\frac{10}{10}$ de dólar = _____ ¢

$\frac{13}{10}$ de dólar = _____ ¢

②

1 hora = 60 minutos

$\frac{1}{6}$ de hora = _____ minutos

$\frac{2}{6}$ de hora = _____ minutos

$\frac{3}{6}$ de hora = _____ minutos

$\frac{5}{6}$ de hora = _____ minutos

$\frac{6}{6}$ de hora = _____ minutos

$\frac{8}{6}$ de hora = _____ minutos

Preparación para las pruebas

③ ¿Qué número(s) puede representar el triángulo para que el enunciado numérico sea verdadero?

$$6 \times \triangle = \triangle \times 6$$

A. solo 0

B. solo 1

C. solo 0 o 1

D. todos los números

④ Susan leyó durante $\frac{3}{4}$ de hora. Empezó a las 4:10. ¿Cuándo terminó?

A. 5:00

B. 4:55

C. 4:45

D. 4:40

● Hallar fracciones equivalentes

Tacha la fracción que NO es equivalente a las otras.

1

$\frac{12}{24}$ $\frac{1}{2}$ $\frac{4}{8}$ ~~$\frac{3}{4}$~~

2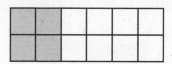

$\frac{1}{2}$ $\frac{4}{12}$ $\frac{1}{3}$ $\frac{2}{6}$

3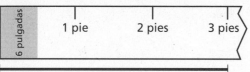

$\frac{1}{6}$ $\frac{6}{36}$ $\frac{2}{12}$ $\frac{1}{3}$

4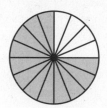

$\frac{4}{12}$ $\frac{3}{4}$ $\frac{12}{16}$ $\frac{6}{8}$

5

$\frac{1}{5}$ $\frac{20}{50}$ $\frac{2}{5}$ $\frac{4}{10}$

6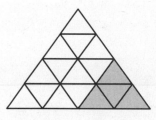

$\frac{1}{3}$ $\frac{1}{4}$ $\frac{4}{16}$ $\frac{2}{8}$

Preparación para las pruebas

Terry tomó la mitad y Seth tomó un cuarto de todas las canicas que había en su caja de juguetes.

7 ¿Cuántas canicas quedaron?

A. $\frac{1}{4}$ de la cantidad original

B. $\frac{1}{3}$ de la cantidad original

C. $\frac{2}{3}$ de la cantidad original

D. $\frac{3}{4}$ de la cantidad original

8 ¿Cuántas canicas puede haber habido en la caja en un principio?

A. 9 canicas

B. 10 canicas

C. 11 canicas

D. 12 canicas

Formar fracciones equivalentes

Tacha la fracción que NO es equivalente a las otras.

1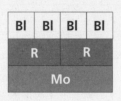

$\dfrac{1}{2}$ $\dfrac{2}{4}$ $\dfrac{3}{6}$ $\dfrac{4}{10}$

2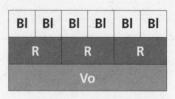

$\dfrac{2}{6}$ $\dfrac{4}{6}$ $\dfrac{2}{3}$ $\dfrac{8}{12}$

3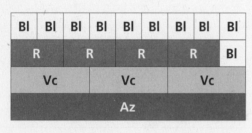

$\dfrac{1}{3}$ $\dfrac{3}{5}$ $\dfrac{3}{9}$ $\dfrac{2}{6}$

4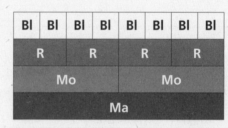

$\dfrac{1}{2}$ $\dfrac{3}{4}$ $\dfrac{12}{16}$ $\dfrac{6}{8}$

Preparación para las pruebas

5 Algunos niños trabajaron en el jardín de un vecino.
Ganaron $9.00 y dividieron el dinero equitativamente.
Si eran 4 niños, ¿cuánto recibió cada uno? Explica.

_____

_____

_____

● Fracciones en la medición

Escribe los números que faltan.

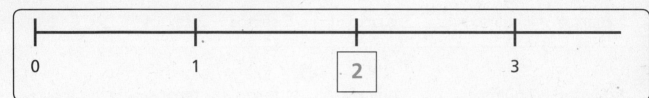

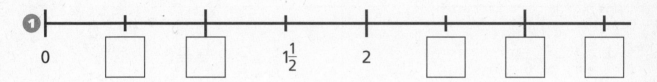

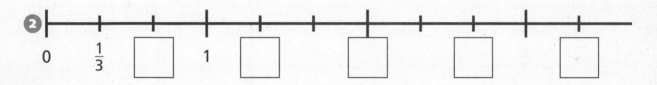

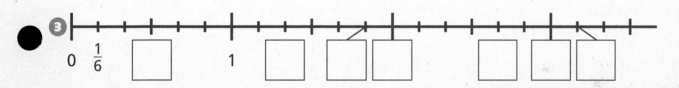

④ $\frac{1}{2} = \frac{\square}{4}$ | ⑤ $1\frac{1}{3} = 1\frac{\square}{6}$ | ⑥ $\frac{3}{6} = \frac{1}{\square}$

Preparación para las pruebas

⑦ Una fracción de este grupo de círculos está sombreada:

¿Qué figura de abajo representa una fracción del mismo valor?

A.   B. C. D.

Representar la suma de fracciones

1

2 cuartos + 1 cuarto = _____ cuartos

2

5 sextos − 2 sextos = _____ sextos

3

2 quintos + 3 quintos = _____ quintos

4

1 tercio + 3 tercios = _____ tercios

5

$$\frac{1}{6} + \frac{3}{6} = \frac{\boxed{}}{6}$$

6

$$\frac{5}{8} + \frac{2}{8} = \frac{\boxed{}}{\boxed{}}$$

7

$\frac{1}{4}$	$\frac{1}{4}$	$\frac{1}{4}$
$\frac{1}{3}$	$\frac{1}{3}$	$\frac{1}{12}$

$$\frac{2}{3} + \frac{1}{12} = \frac{\boxed{}}{\boxed{}}$$

Preparación para las pruebas

8 Hay cuatro tazas que contienen lápices.

Kyle cambió algunos lápices de lugar para que cada taza tuviese la misma cantidad. ¿Cuántos quedaron en cada taza? Explica.

_____

_____

_____

9 Alex tenía 7 canicas. Él y Greg juntaron sus canicas y después las repartieron en cantidades iguales. Si ambos tuvieron luego 5 canicas, ¿con cuántas empezó Greg? Explica.

_____

_____

_____

_____

Valor posicional 2, 6 9 8

dígito de los millares ⟶
dígito de las centenas ⟶
dígito de las unidades
dígito de las decenas

Resuelve las adivinanzas.

1 • Mi número tiene 3 dígitos.

• El dígito de las unidades es impar.

• Mi número es múltiplo de 5.

• El dígito de las centenas es uno menos que el dígito de las decenas.

• El número es menor que 200.

¿Cuál es el número? | 1 | | |

2 • Mi número tiene 4 dígitos.

• Si escribes el número desde el final hasta el principio, seguiría siendo el mismo número.

• El dígito de los millares es 8.

• Uno de los dígitos es 0.

¿Cuál es el número? | | | | |

3 • Mi número tiene 3 dígitos.

• Todos los dígitos son pares.

• El número es mayor que 600 y menor que 700.

• Los dígitos suman un total de 14.

• El dígito de las decenas es 0.

¿Cuál es el número? | | | |

4 • Mi número tiene 3 dígitos.

• Todos los dígitos son diferentes.

• Todos los dígitos son múltiplos de 3.

• Ningún dígito es 0.

• El número es mayor que 900.

• El dígito de las decenas es mayor que el dígito de las unidades.

¿Cuál es el número? | | | |

Preparación para las pruebas

5 8,620,013 se escribe:

A. ochenta y seis mil doscientos trece

B. ocho millones seiscientos veinte mil trece

C. ocho millones sesenta y dos mil trece

D. ocho millones seiscientos veinte mil ciento tres

Introducción a los decimales

Completa los números que faltan.

1

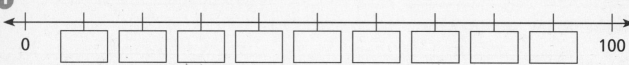

0 [ ] [ ] [ ] [ ] [ ] [ ] [ ] [ ] [ ] 100

2

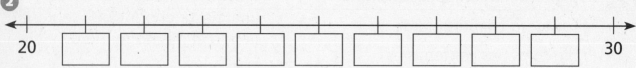

20 [ ] [ ] [ ] [ ] [ ] [ ] [ ] [ ] [ ] 30

3

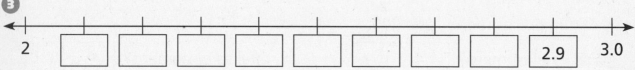

2 [ ] [ ] [ ] [ ] [ ] [ ] [ ] [ ] 2.9 3.0

4

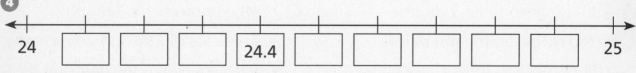

24 [ ] [ ] [ ] 24.4 [ ] [ ] [ ] [ ] 25

5

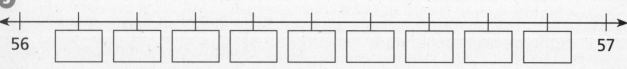

56 [ ] [ ] [ ] [ ] [ ] [ ] [ ] [ ] [ ] 57

 Preparación para las pruebas

6 El dibujo muestra un cuadrado que hizo Amy para su colcha. ¿Cuántos ejes de simetría tiene el cuadrado de Amy?

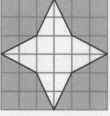

A. 0   **C.** 4

B. 2   **D.** 8

7 ¿Qué fracción NO es equivalente a la parte blanca del cuadrado de la colcha?

A. $\frac{1}{3}$ **C.** $\frac{1}{4}$

B. $\frac{12}{36}$ **D.** $\frac{3}{9}$

La recta numérica bajo la lupa

1 Completa los números que faltan en la recta numérica.

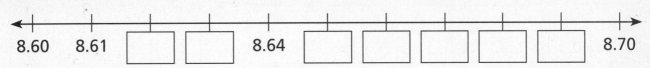

8.60   8.61   [ ]   [ ]   8.64   [ ]   [ ]   [ ]   [ ]   [ ]   8.70

Escribe un número que esté entre los dos números dados.

2

2
[ ]
3

3

0.5
[ ]
1

4
1
[ ]
1.5

5

10
[ ]
10.3

6

0.8
[ ]
0.9

7

2.4
[ ]
2.5

Preparación para las pruebas

8 ¿Qué número representa el punto C?
Explica tu razonamiento.

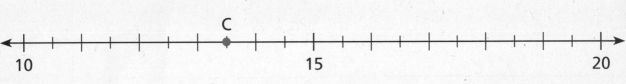

10   15   20

_____

_____

Decimales en la recta numérica

1 Completa los números que faltan.

| | 0.9 | 1 | 1.1 | | 1.3 | | | | | | | | 2 |

| | 0.99 | 1 | 1.01 | 1.02 | | | | | | | 1.09 | 1.1 |

Usa las rectas numéricas de arriba para comparar los números. Escribe < o >.

2 0.9 ◯ 1   **3** 1 ◯ .99   **4** 1 ◯ 1.01

5 0.9 ◯ 1.1   **6** 1.01 ◯ 1.1   **7** 1.1 ◯ 1.11

8 0.9 ◯ 0.8   **9** 1.01 ◯ 1.11   **10** 1.1 ◯ 1.09

Preparación para las pruebas

11 Cuando Sean visitó el zoológico, vio una jirafa de 18 pies de alto. Sean mide $4\frac{1}{2}$ pies de alto. ¿Cuántas veces más alta que Sean es la jirafa? Explica tu razonamiento.

_____

_____

_____

_____

$4\frac{1}{2}$ pies

18 pies

Relacionar fracciones y decimales.

Completa los casilleros con las fracciones o los decimales que faltan.

1

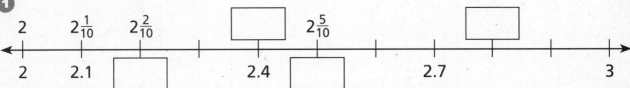

2

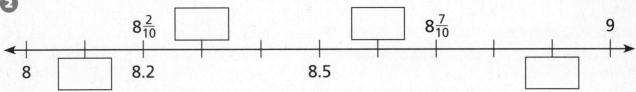

Escribe la cantidad total como un decimal. Encierra en un círculo la cantidad menor.

3

_____   _____

4

Preparación para las pruebas

5 ¿Qué cantidad total de dinero puede tener un grupo de cinco amigos si cada uno de ellos tiene entre $3.50 y $4.25?

A. $11.28   C. $17.80

B. $13.99   D. $22.20

Representar decimales en una cuadrícula

**Sombrea el diagrama para que se corresponda
con el número que está debajo.**

①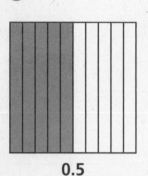

0.5

②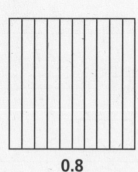

0.8

③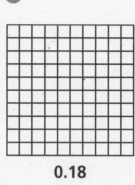

0.18

④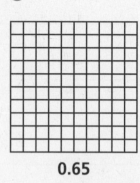

0.65

⑤ Usa los diagramas de arriba para comparar los decimales. Escribe < o >.

0.5 $<$ 0.6	0.5 ◯ 0.52	0.18 ◯ 0.5
0.8 ◯ 0.1	0.1 ◯ 0.18	0.8 ◯ 0.52
0.65 ◯ 0.52	0.83 ◯ 0.8	0.6 ◯ 0.83
0.18 ◯ 0.83	0.6 ◯ 0.65	0.1 ◯ 0.65

Preparación para las pruebas

⑥ ¿Qué flecha de la recta numérica está más cerca de 5.4?

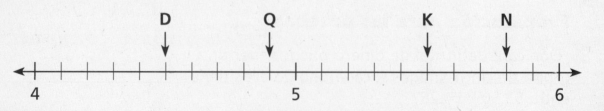

A. D   C. K

B. Q   D. N

Representar decimales con bloques de base diez

Completa la tabla para que se corresponda con los diagramas.

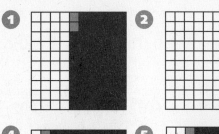
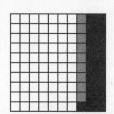
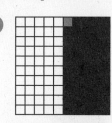

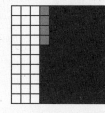
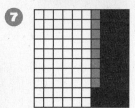
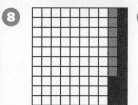
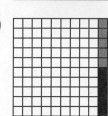

	Blanco	+ Gris	= Total
1	0.4	0.02	0.42
2	0.7		
3			
4			
5			
6			
7			
8			
9			

10 Escribe los números de la columna "Total" en orden de menor a mayor.

_____

Preparación para las pruebas

11 ¿Cuál de los siguientes enunciados es verdadero?

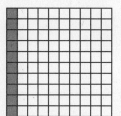
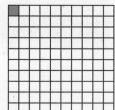

A. 0.1 < 0.01   C. 0.01 = 0.1

B. 0.01 > 0.1   D. 0.1 > 0.01

12 Jadzia tenía $1.86 en el bolsillo. Luego, encontró una moneda de 25¢. ¿Cuánto dinero tenía en total?

A. $1.36   C. $2.11

B. $1.61   D. $2.36

Sumar decimales

Compara. Escribe <, > o =.

1 1.34 ◯ 1.4

2 0.6 + 0.5 ◯ 1

3 1.3 + 0.07 ◯ 1.6 + 0.04

4 0.08 ◯ 0.3

5 0.3 + 0.6 ◯ 1

6 2.6 + 0.01 ◯ 2.6 + 0.05

7 0.4 ◯ 0.40

8 0.92 + 0.37 ◯ 1

9 3.8 + 0.02 ◯ 1.8 + 0.02

10 0.61 ◯ 0.9

11 0.29 + 0.18 ◯ 1

12 1.7 + 0.05 ◯ 1.9 + 0.04

13 0.95 ◯ 1.06

14 0.38 + 0.62 ◯ 1

15 0.9 + 0.08 ◯ 3.1 + 0.06

16 2.70 ◯ 2.7

17 0.59 + 0.54 ◯ 1

18 0.3 + 0.04 ◯ 0.2 + 0.14

19 0.88 ◯ 1.3

20 0.72 + 0.16 ◯ 1

21 0.6 + 0.09 ◯ 0.3 + 0.07

Preparación para las pruebas

22 Si  vale 1, ¿qué decimal representa el ejemplo? Explica tu razonamiento.

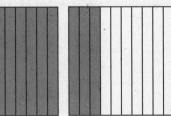

_____

_____

_____

Restar decimales

Completa la tabla. Puedes usar las cuadrículas como ayuda para hallar las diferencias.

Total – Gris = Blanco		
1 0.37	0.07	0.30
2 0.61	0.01	
3 0.89	0.09	
4 0.26	0.06	
5 0.94	0.04	
6 0.25	0.05	
7 0.88	0.08	
8 0.53	0.03	
9 0.42	0.02	

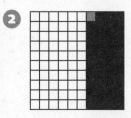 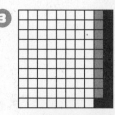
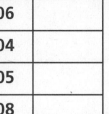 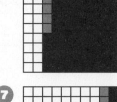 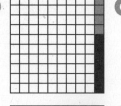 
 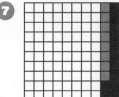 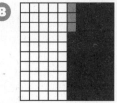 

10 Escribe los números de la columna "Total" en orden de menor a mayor.

_____

Preparación para las pruebas

11 $\frac{1}{2}$ dólar son $0.50.
¿Cuánto es $\frac{3}{4}$ de dólar?
Explica tu razonamiento.

_____

Representar decimales con dinero

¡Presta atención a los signos!

1 $23.78
− $9.81

2 $8.92
+ $3.45

3 $2.40
− $0.75

4 $3.07
− $1.82

5 $26.32
+$19.64

6 $3.60
− $1.43

7 $4.19
+ $2.80

8 $5.27
+ $6.08

9 $2.83
+
$2.89

10 $4.31
−
$4.27

11 $5.48
−
$5.06

12 $1.96
+
$2.03

13 $1.24
−
$1.20

14 $3.14
+
$3.54

15 $2.22
−
$1.92

16 $0.68
+
$0.70

Preparación para las pruebas

17 La familia de Bryanna compró dos paquetes de carne molida. Un paquete pesaba 0.68 libras y el otro 1.32 libras. Si la libra de carne molida cuesta $2.50, ¿cuál fue el costo total? Explica.

_____

_____

© Education Development Center, Inc.

● Calcular tiempo y dinero

① Sigue las flechas. Completa las horas que faltan.

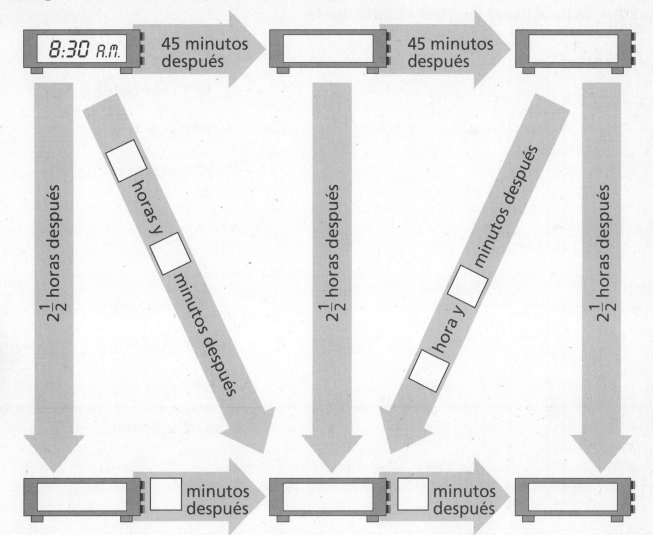

Preparación para las pruebas

② Si 2 libros de texto miden 3 pulgadas de ancho cuando se colocan juntos, ¿cuántos libros de texto se pueden colocar en un estante de 1 pie 6 pulgadas de ancho? Explica cómo hallaste el número de libros de texto.

_____

_____

_____

Medir la temperatura

1 Anota la temperatura de cada termómetro y úsala como
ayuda para hallar las otras temperaturas.

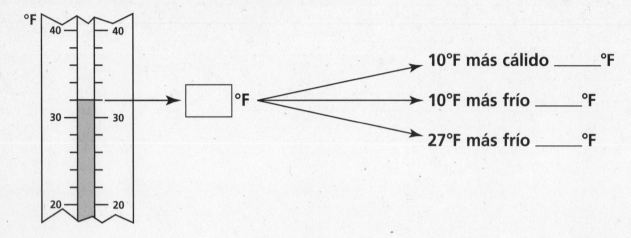

10°F más cálido _____°F

10°F más frío _____°F

27°F más frío _____°F

2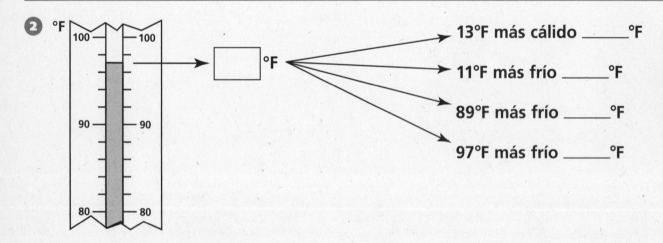

13°F más cálido _____°F

11°F más frío _____°F

89°F más frío _____°F

97°F más frío _____°F

Preparación para las pruebas

3 Ralph compró cuatro sellos de
39¢ y algunos sellos de 24¢. Gastó
$3.00 en total. ¿Cuántos sellos de
24¢ compró?

A. 4   C. 6

B. 5   D. 12

4 ¿Cómo puedes hallar el
perímetro de un triángulo?

_____

_____

_____

Medir la longitud

Usa una regla para medir estas rectas y redondea a la media pulgada más cercana.

1 ├──────────────────────┤ ☐ pulgadas

2 ├────────────────┤ ☐ pulgadas

3 ├──────────────────┤ ☐ pulgadas

4 ├──────┤ ☐ pulgada

5 ├────────────┤ ☐ pulgadas

Preparación para las pruebas

El Sr. Jones tiene menos de 38 monedas en su colección. Divide las monedas equitativamente entre sus 6 hijos y le quedan 4 monedas.

6 ¿Cuál es la mayor cantidad de monedas que puede tener?

   A. 28

   B. 30

   C. 32

   D. 34

7 ¿Cuál es la mayor cantidad de monedas que puede tener cada uno de sus 6 hijos? Explica.

_____

_____

_____

_____

Medir en pulgadas, pies y yardas

Mide las longitudes.

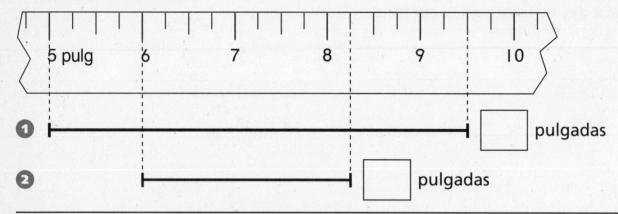

① ☐ pulgadas

② ☐ pulgadas

_____

Usa las medidas de la lista para que los enunciados sean verdaderos.

③

1 pie	1 yd	6 pulg	2 pies	7 pulg	19 pulg	18 pulg

_____ = 12 pulgadas   1 pie 6 pulg = _____   _____ + 1 pie = 1 yd

_____ = 3 pies   3 pulg + 4 pulg = _____   _____ × 2 = 1 pie

_____ = 36 pulgadas   7 pulg + 1 pie = _____   _____ × 3 = 1 yd

_____ = 24 pulgadas   18 pulg ÷ 3 = _____   6 pulg + _____ = 2 pies

Preparación para las pruebas

④ Eric tiene entre 45 y 75 fotos. Cuando las pone en grupos de 2, 3, 4, 5 o 6, no sobra ninguna. Cuando las pone en grupos de 7, sobran algunas. Halla el número de fotos que tiene Eric. Muestra tu razonamiento.

_____

_____

_____

● Medir la longitud en centímetros

Estima la longitud de la recta. Recuerda que la regleta roja mide 2 centímetros de largo. Luego, usa una regla para medir la longitud.

1 | R |

Pista: 6 regletas rojas

Estimación: _____ cm   Longitud: _____ cm

2 | R |

Estimación: _____ cm   Longitud: _____ cm

3 | An |

Estimación: _____ cm   Longitud: _____ cm

4 | V |

Estimación: _____ cm   Longitud: _____ cm

Preparación para las pruebas

5 La tabla muestra cuánto dinero tenía Michael en su cuenta de ahorro en cada una de las últimas cuatro semanas. Si continúa ahorrando la misma cantidad cada semana, ¿qué enunciado numérico indica el dinero que tendrá en la semana 7?

A. $7 \times \$3 = \$21$ **C.** $\$12 + \$3 = \$15$

B. $\$12 + \$12 = \$24$ **D.** $7 \times \$12 = \$84$

Semana	Cantidad
1	$3.00
2	$6.00
3	$9.00
4	$12.00

Medir la capacidad en tazas, pintas y cuartos

Completa las cantidades que faltan.

1

| 2 años | + | 3 años | = | _____ años |
| 24 meses | + | 36 meses | = | _____ meses |

2

| 1 cuarto | + | 2 cuartos | = | 3 cuartos |
| 4 tazas | + | _____ tazas | = | _____ tazas |

3

| 2 yardas | + | 6 yardas | = | _____ yardas |
| _____ pies | + | _____ pies | = | _____ pies |

4

| 10 cuartos | + | _____ cuartos | = | 19 cuartos |
| _____ pintas | + | _____ pintas | = | _____ pintas |

5

| 3 pies | + | _____ yardas | = | 3 yardas |
| _____ pulgadas | + | _____ pies | = | _____ pies |

Preparación para las pruebas

6 ¿Qué expresión NO tiene el mismo valor que 36×42?

A. $(30 \times 42) + (6 \times 42)$ **C.** $(30 \times 40) + (6 \times 40) + (2 \times 30) + (6 \times 2)$

B. $(36 \times 40) + (36 \times 2)$ **D.** $(30 \times 40) + (6 \times 2)$

Medir la capacidad en galones y litros

Completa las cantidades que faltan.

1

| 2 semanas | + | 3 semanas | = | _____ semanas |
| 14 días | + | 21 días | = | _____ días |

2

| 2 pies | + | 3 pies | = | _____ pies |
| _____ pulgadas | + | _____ pulgadas | = | _____ pulgadas |

3

| 3 cuartos | + | _____ cuartos | = | 15 cuartos |
| 6 pintas | + | _____ pintas | = | _____ pintas |

4

| 1 litro | + | 3 litros | = | _____ litros |
| 1,000 mL | + | _____ mL | = | _____ mL |

Preparación para las pruebas

5 Sarah condujo 800 millas en 3 días. Condujo 356 millas el lunes y 284 millas el martes. ¿Cuánto condujo el miércoles?

A. 160 millas **C.** 180 millas

B. 240 millas **D.** 640 millas

6 ¿Cuántas horas hay en 4 días y 4 horas? Explica.

_____

_____

_____

Calcular cantidades de líquido

1

Cuartos	$\frac{1}{2}$	1	2	3	4	7			6	
Pintas		2					20			18
Tazas		4						20		

---

2 Karen bebe 6 tazas de agua por día. ¿Cuántos cuartos bebe?

_____ cuarto

3 Michael necesita 3 pintas de jugo para preparar refresco. Tiene 9 tazas de jugo. ¿Tiene suficiente cantidad de jugo?

sí   no

---

4 John compró 4 cuartos de leche en la tienda. Dio una taza a cada uno de sus 5 amigos. ¿Cuántas tazas le sobran?

_____ tazas

5 Kelly tenía 4 pintas de jugo de tomate y luego compró otro cuarto en la tienda. ¿Cuánto jugo de tomate tiene?

_____ pintas o _____ cuartos

Preparación para las pruebas

6 Hallie tiene estas tarjetas.

8	6	4	1

¿Cuántos números de 4 dígitos diferentes puede formar? Explica cómo puede estar segura de que ha incluido todos los números posibles en su lista.

_____

_____

_____

Medir el peso en onzas, libras y toneladas

Completa las cantidades que faltan.

1

1 lb	+	2 lb	=	3 lb
16 oz	+	32 oz	=	_____ oz

2

1 metro	+	4 metros	=	5 metros
100 cm	+	_____ cm	=	_____ cm

3

4 toneladas	+	2 toneladas	=	_____ toneladas
_____ libras	+	4,000 libras	=	_____ libras

4

4 cuartos	+	_____ cuartos	=	_____ cuartos
_____ tazas	+	_____ tazas	=	36 tazas

Preparación para las pruebas

5 La balanza muestra cuánto pesan 6 manzanas.
¿Cuánto pesarían 10 manzanas del mismo tamaño?

A. 5 libras   **C.** 10 libras

B. 6 libras   **D.** 12 libras

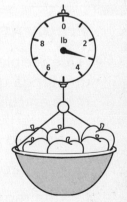

Medir el peso en gramos y kilogramos

Completa las tablas.

1

Kilogramos	1	$1\frac{1}{2}$	2	$2\frac{1}{2}$		
Gramos	1,000				2,750	3,000

2

Metros	$\frac{1}{2}$	1	$1\frac{1}{2}$	2		$2\frac{3}{4}$
Centímetros		100		250		

3

Yardas	1	$1\frac{1}{2}$	2		3	
Pies	3			$7\frac{1}{2}$		$10\frac{1}{2}$

4

Cuartos	1	$1\frac{1}{2}$	2	5	7	$8\frac{1}{2}$
Tazas	4					

Preparación para las pruebas

5 ¿Qué recipiente es más probable que tenga una capacidad que se mida en cuartos?

   A. un vaso

   B. una pecera grande

   C. una regadera

   D. una piscina

6 Describe un rombo.

_____

_____

_____

_____

Hallar combinaciones de atributos

1 Esta flecha giratoria está dividida en 3 partes iguales.

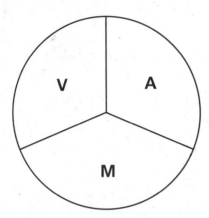

V = verde
Az = azul
Mo = morado

Continúa la lista hasta que hayas incluido todas las posibilidades.

No se usarán todos los espacios.

Si haces girar la flecha giratoria dos veces, puedes sacar:

1er giro	2do giro
V	Az
V	V

Preparación para las pruebas

2 ¿Que número debe ocupar el lugar del cuadrado para que el enunciado numérico sea verdadero?

$$(4 \times 5) + 2 = \blacksquare \times 2$$

A. 20   **C.** 14

B. 11   **D.** 9

3 ¿Qué números deben ocupar el lugar del ● y del ■ para que los enunciados numéricos sean verdaderos?

$$● \times \blacksquare = 36$$

$$● - \blacksquare = 5$$

A. 6, 6   **C.** 9, 4

B. 4, 9   **D.** 12, 3

Describir la probabilidad de un suceso

1 Completa la tabla para mostrar cuál puede ser el total de los dos giros.

Johnny hace girar la flecha dos veces.

		1ER GIRO			
		1	2	3	4
2DO GIRO	1	2	3		
	2				
	3				
	4				

---

2 Rotula los sucesos con los términos **seguro, probable, poco probable** o **imposible**.

El total es 10.

_____

El total es 7.

_____

El total es mayor que 0.

_____

El total es menor que 7.

_____

El total es 4, 5 o 6.

_____

El total es 2.

_____

Preparación para las pruebas

3 Sue solo necesita los dulces rojos de las bolsas con dulces de muchos colores. En cada bolsa hay 28 caramelos, de los cuales $\frac{1}{4}$ son rojos. Si Sue necesita 21 dulces rojos, ¿cuántas bolsas debe comprar? Explica.

_____

_____

Capítulo 10

Introducción a la probabilidad

**Si Laura hace girar la flecha giratoria una vez,
¿cuál es la probabilidad de que la flecha . . .**

1 caiga en un
múltiplo de 3? $\frac{4}{8}$

no caiga en un
múltiplo de 3?   _____

2 caiga en un
número par?   _____

caiga en un
número impar?   _____

3 caiga en un
múltiplo de 5?   _____

caiga en un
múltiplo de 10?   _____

4 caiga en un
número de un dígito?   _____

caiga en un
número de dos dígitos?   _____

5 caiga en un número
de tres dígitos?   _____

caiga en un número
con un 1 en la posición
de las unidades?   _____

6 caiga en un número
menor que 100?   _____

caiga en un número
mayor que 5?   _____

Preparación para las pruebas

7 ¿Cuántos pares de rectas paralelas
tiene esta figura?

A. 0   **C.** 2

B. 1   **D.** 3

8 ¿Cuántos ejes de simetría se
pueden dibujar en este cuadrado?

A. 0   **C.** 2

B. 1   **D.** 4

Sacar tarjetas de atributos de un mazo

Completa la tabla para que se corresponda con las flechas giratorias.

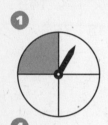
1

2

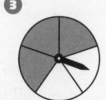
3

4

5

6

7

8

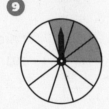
9

	Probabilidad de que la flecha caiga en la sección gris	Probabilidad de que la flecha caiga en la sección blanca
1	$\frac{1}{4}$	$\frac{3}{4}$
2		
3		
4		
5		
6		
7		
8		
9		

¿Qué flechas tienen más probabilidades de caer en la sección gris que en la blanca? _____

¿Qué flechas tienen más probabilidades de caer en la sección blanca que en la gris? _____

¿Qué flecha tiene la misma probabilidad de caer en la sección gris que en la blanca? _____

Preparación para las pruebas

10

□ + △	8		5	15			27	13
□	5	9		8		7		
△	3	4	2		9			
□ × △	15		6		45	49	50	40

Sacar bloques

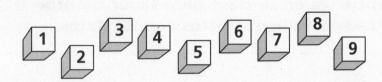

Todos los estudiantes de la clase de la maestra Ferrelli sacaron un bloque al azar. Esta gráfica muestra los resultados de la clase.

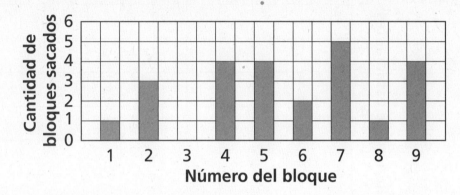

1 ¿Qué bloque salió con más frecuencia? _____

2 ¿Qué bloque salió con menos frecuencia? _____

3 ¿Cuántas veces salió el bloque #6? _____

4 ¿Qué 3 bloques salieron la misma cantidad de veces? _____

5 ¿Cuántas veces salió cada uno de los 3 bloques de la pregunta 4? _____

Preparación para las pruebas

6 Stephen ordenó los números 1, 3, 7, 5 y 9 para formar un número de 5 dígitos. Puso el 3 en la posición de las centenas. ¿Cuál es el número más pequeño que puede haber formado?

A. 13,579   **C.** 31,759

B. 15,379   **D.** 91,351

7 ¿Qué número sería el octavo en este patrón?

5, 15, 30, 50, 75, . . .

A. 180   **C.** 90

B. 140   **D.** 85

Reunir y analizar datos de encuestas

Amal hizo una encuesta en su clase para saber cuántos hermanos tiene cada estudiante. Estos son los datos.

0	3	2	2	1	1	3	0	2	0	1	2
1	1	4	0	0	1	1	2	3	1	2	2

1 Haz una gráfica con los datos.

2 ¿Cuál es el mayor número de hermanos que tiene un estudiante? _____

3 ¿Cuántos estudiantes más que los que tienen 4 hermanos tienen 2 hermanos? _____

Preparación para las pruebas

4 ¿Cómo puedes hacer una flecha giratoria de 6 colores en la que sea igual de probable caer en cualquiera de los colores?

_____

_____

Reunir datos de medición

Estos son los datos de la medición de estatura que reunió una clase de cuarto grado.

52 pulgadas	57 pulgadas	54 pulgadas	56 pulgadas
54 pulgadas	60 pulgadas	57 pulgadas	59 pulgadas
56 pulgadas	56 pulgadas	57 pulgadas	54 pulgadas
60 pulgadas	57 pulgadas	50 pulgadas	52 pulgadas

1 Haz una gráfica con los datos que reunió la clase de cuarto grado.

ESTATURAS DE LOS ESTUDIANTES

Número de estudiantes

Estatura (pulgada más cercana)

Preparación para las pruebas

2 Tyler compró 3 cartones de jugo para compartir con sus amigos. Cada cartón cuesta 32¢. Tyler tenía 3 monedas de 25¢ y 3 de 10¢ en el bolsillo. ¿Qué monedas tuvo que usar para comprar el jugo? ¿Cuánto cambio recibió? Explica.

_____

_____

Analizar datos de medición

La gráfica presenta los tamaños de los salones de clases en la Escuela Primaria Westlawn.

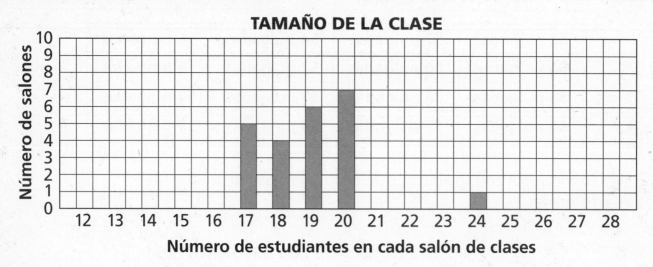

TAMAÑO DE LA CLASE

Número de salones / Número de estudiantes en cada salón de clases

❶ ¿Cuántos salones de clases hay en la escuela? _____ salones de clases

❷ ¿Cuál es el mayor tamaño de clase? _____ estudiantes

❸ ¿Cuál es el tamaño de clase más común? _____ estudiantes

Si visitas un salón de clases al azar . . .

❹ ¿Cuál es la probabilidad de visitar una clase con 18 estudiantes? _____

❺ ¿Cuál es la probabilidad de visitar una clase con 22 estudiantes? _____

Preparación para las pruebas

TAREAS ESCOLARES Y TAREAS DEL HOGAR DE KAREN

Horas / Mes

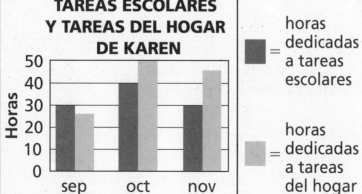

= horas dedicadas a tareas escolares

= horas dedicadas a tareas del hogar

❻ ¿Cuántas horas más dedicó Karen a sus tareas escolares en octubre que en septiembre?

A. 0   C. 10

B. 5   D. 25

❼ ¿En qué mes dedicó Karen más tiempo a las tareas escolares que a las tareas del hogar?

_____

Hacer un zoológico de figuras

Escribe el nombre más específico de cada figura
(paralelogramo, rectángulo, cuadrado, rombo, triángulo
acutángulo, triángulo equilátero o triángulo obtusángulo).

1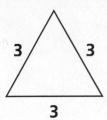

_____

2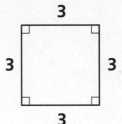

_____

3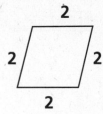

_____

4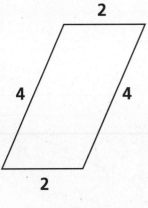

_____

5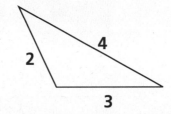

_____

6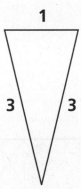

_____

Preparación para las pruebas

7 Alison dibujó estas figuras:

¿Cuál es la mejor descripción de
las figuras que dibujó?

A. figuras cerradas con
ángulos rectos

C. figuras cerradas con
6 lados o más

B. figuras cerradas con
7 lados o más

D. figuras cerradas con
lados paralelos

Describir figuras tridimensionales

Rotula las figuras como pirámide, prisma o ninguna de las dos. Si una figura parece un paralelogramo, lo es.

①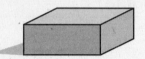

prisma

②

_____

③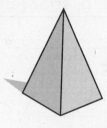

pirámide

④

_____

⑤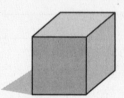

_____

⑥

_____

⑦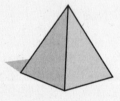

_____

⑧

_____

⑨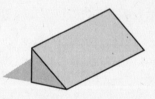

_____

Preparación para las pruebas

⑩ Halla los perímetros de los triángulos.

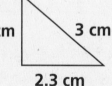

2.2 cm 2.2 cm 2.2 cm

1.9 cm 3 cm 2.3 cm

1.2 cm 2.3 cm 2.7 cm

_____   _____   _____

Safari de figuras

Figura 1	Figura 2	Figura 3	Figura 4
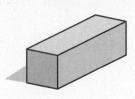	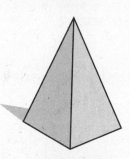		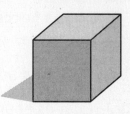
prisma rectangular	pirámide triangular	prisma triangular	cubo

Enumera todas las figuras que se corresponden con cada conjunto de pistas.

Pistas	Respuestas
❶ ☑ Tengo más de un par de caras paralelas.	
❷ ☑ Tengo 9 aristas.	
❸ ☑ Soy un prisma y por lo menos una de mis caras no es un rectángulo.	

Preparación para las pruebas

❹

¿Qué longitud tiene el dibujo del camión?

A. $5\frac{3}{4}$ pulgadas

B. $2\frac{3}{4}$ pulgadas

C. $5\frac{1}{2}$ pulgadas

D. $2\frac{1}{2}$ pulgadas

Hallar el área de las caras de figuras tridimensionales

Todas las secciones de la figura de abajo son rectángulos.

1 ¿Cuál es el área de la plantilla? _____ pulgadas cuadradas

2 ¿Cuál es el área total de las caras del poliedro que se forma recortando, plegando y pegando con cinta esta plantilla?

_____

2 pulgadas

1 pulgada   **2 pulgadas**   **2 pulgadas**

2 pulgadas

1 pulgada   **1 pulgada**

Preparación para las pruebas

3 ¿Qué polígono tiene siempre cuatro lados congruentes?

A. rectángulo   **C.** paralelogramo

B. trapecio   **D.** rombo

4 ¿Qué son las rectas perpendiculares?

_____

_____

Hallar el volumen de figuras tridimensionales

1

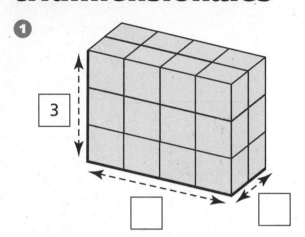

Cantidad de cubos
de cada capa: _____ cubos

Cantidad de cubos
de la figura: _____ cubos

Volumen: _____ cubos

3

2

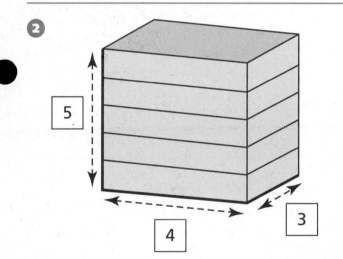

Cantidad de cubos
de cada capa: _____ cubos

Cantidad de cubos
de la figura: _____ cubos

Volumen: _____ cubos

5

4   3

Preparación para las pruebas

3 Encierra en un círculo el triángulo que tiene un ángulo obtuso.

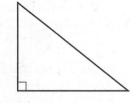 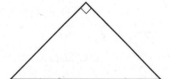 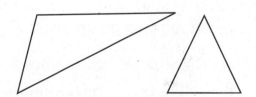

Más volúmenes de figuras tridimensionales

Halla el volumen de los siguientes prismas rectangulares en pulgadas cúbicas.

1

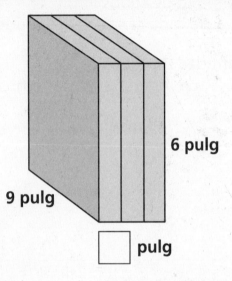

6 pulg

9 pulg

☐ pulg

Volumen: _____ pulgadas cúbicas

2

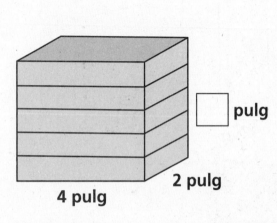

☐ pulg

2 pulg

4 pulg

Volumen: _____ pulgadas cúbicas

---

3 ¿Cuál es el volumen de un prisma de 1 pulg × 8 pulg × 7 pulg?

_____ pulgadas cúbicas

---

4 ¿Cuál es el volumen de un prisma de 2 pulg × 6 pulg × 9 pulg?

_____ pulgadas cúbicas

---

5 ¿Cuál es el volumen de un prisma de 4 pulg × 2 pulg × 11 pulg?

_____ pulgadas cúbicas

Preparación para las pruebas

6 ¿Qué unidad sería mejor para medir la masa de un insecto?

  A. kilogramos   **C.** gramos

  B. milímetros   **D.** centímetros

7 ¿Qué es más largo: 1 metro o 50 centímetros? Explica.

_____

_____

● Introducción a los números negativos

Estas son las temperaturas mínimas diarias de una semana fría. Completa la tabla para mostrar el cambio en la temperatura de un día a otro.

1

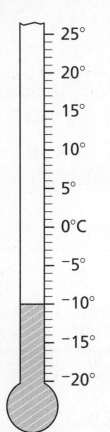

Día	Temperatura mínima	Cambio desde el día anterior
Domingo	⁻10°C	
Lunes	⁻16°C	6 grados más baja
Martes	6°C	
Miércoles	13°C	
Jueves		15 grados más baja
Viernes		9 grados más baja
Sábado	⁻19°C	

Preparación para las pruebas

2 ¿Qué figura tiene **5 caras** y **5 vértices**?

A. 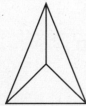   B.    C. 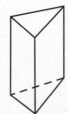   D.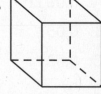

Números negativos en la recta numérica

**Completa los números que faltan en esta recta numérica
y úsala como ayuda para responder las preguntas.**

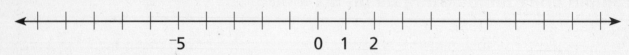

⁻5   0 1 2

---

1 Empieza en 0. Salta 6 espacios hacia adelante. Luego, salta 8 espacios hacia atrás.

¿A qué número llegaste? _____

2 Empieza en 3. Salta 8 espacios hacia atrás. Luego, salta 12 espacios hacia adelante.

¿A qué número llegaste? _____

---

3 Empieza en 10. Salta 20 espacios hacia atrás. Luego, salta 6 espacios hacia adelante.

¿A qué número llegaste? _____

4 Empieza en ⁻3. Salta 6 espacios hacia atrás. Luego, salta 2 espacios hacia adelante.

¿A qué número llegaste? _____

Preparación para las pruebas

5 ¿Qué decimal es igual a $\frac{52}{100}$?

A. 0.0052

B. 0.052

C. 0.52

D. 52

6 ¿Qué fracción es igual a 0.25?

A. $\frac{1}{4}$ C. $\frac{1}{2}$

B. $\frac{1}{3}$ D. $\frac{2}{5}$

● Navegar en un plano de coordenadas

1 Escribe el par ordenado que corresponde a cada edificio del mapa.

Escuela	Banco	Biblioteca	Parque	Cine	Supermercado
(1,6)					

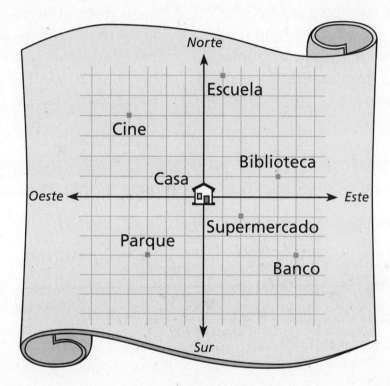

2 El Centro Comunitario está en (⁻3,5). Marca la ubicación con una estrella.

Preparación para las pruebas

3 Caitlin hirvió agua para hacer un experimento de ciencias. Este termómetro muestra la temperatura del agua cuando estaba hirviendo. Caitlin controló la temperatura del agua 10 minutos después y descubrió que había bajado 23°C. ¿Cuál era la nueva temperatura?

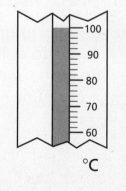

A. 67°C   **C.** 77°C

B. 73°C   **D.** 87°C

Puntos y rectas en un plano de coordenadas

1 Completa los números que faltan en la recta numérica. Puedes usar la recta numérica como ayuda para responder las preguntas.

2 El domingo a las 7:00 a.m., la temperatura era 4°. A las 9:00 p.m., el termómetro marcaba ⁻2°. ¿Cuál fue el cambio de temperatura entre estos dos horarios?

_____

3 Sean puso el dedo sobre el ⁻5 en la recta numérica. Saltó 6 espacios hacia adelante y luego 1 espacio hacia atrás. ¿A qué número llegó con el dedo?

_____

4 Escribe el par de coordenadas que corresponda a cada edificio del mapa.

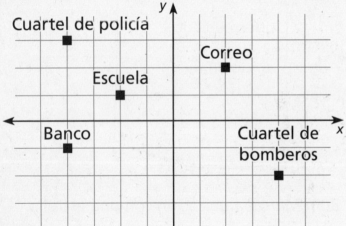

Cuartel de policía (⁻4,3)

Escuela (_____,_____)

Banco (_____,_____)

Correo (_____,_____)

Cuartel de bomberos (_____,_____)

Preparación para las pruebas

5 Miri abrió una botella que contenía 1 litro de jugo. Repartió el jugo en partes iguales para ella y su hermana Jordyn. ¿Cuántos mililitros de jugo le tocó a cada una? Explica cómo hallaste la respuesta.

_____

_____

Dibujar figuras en un plano de coordenadas

1 Sigue las instrucciones para hacer el dibujo.

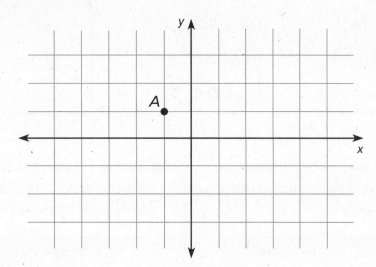

Marca **A** en (⁻1,1).   Traza $\overline{AB}$.

Marca **B** en (2,1).   Traza $\overline{BC}$.

Marca **C** en (2,⁻2).   Traza $\overline{CD}$.

Marca **D** en (1,⁻1).   Traza $\overline{DE}$.   ¿Qué figura ves?

Marca **E** en (⁻1,⁻3).   Traza $\overline{EF}$.   _____

Marca **F** en (⁻2,⁻2).   Traza $\overline{FG}$.

Marca **G** en (0,0).   Traza $\overline{GA}$.

Preparación para las pruebas

2 Antonio está dibujando un cuadrado en el plano. ¿Qué par ordenado corresponde a la cuarta esquina del cuadrado? Explica cómo hallaste las coordenadas.

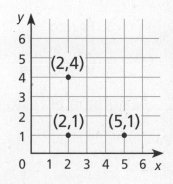

_____

_____

_____

Mover figuras en un plano de coordenadas

1 Sigue las instrucciones para dibujar la figura.

Marca **A** en (8,5).   Traza $\overline{AB}$.

Marca **B** en (5,5).   Traza $\overline{BC}$.

Marca **C** en (3,3).   Traza $\overline{CD}$.

Marca **D** en (6,3).   Traza $\overline{DA}$.

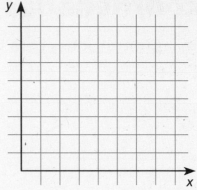

2 Resta 3 de las dos coordenadas de cada punto y rotula la nueva figura con **#1**.

Puntos originales	Nuevos puntos
(8,5)	(5, 2)
(5,5)	
(3,3)	
(6,3)	

3 Suma 3 a la coordenada vertical (la segunda) de cada punto y rotula la figura nueva con **#2**.

Puntos originales	Nuevos puntos
(8,5)	(8,8)
(5,5)	
(3,3)	
(6,3)	

Preparación para las pruebas

4 El Sr. Macus debe ir al banco, a la biblioteca y al correo mañana. Aquí hay algunos ejemplos del orden en que puede ir a esos lugares.

1. Banco
2. Correo
3. Biblioteca

1. Biblioteca
2. Correo
3. Banco

1. Banco
2. Biblioteca
3. Correo

Enumera el resto de los órdenes que el Sr. Macus podría seguir.

● Enunciados numéricos y líneas rectas

1 Halla al menos 5 pares de números que hagan que este enunciado sea verdadero: $y = x - 2$.

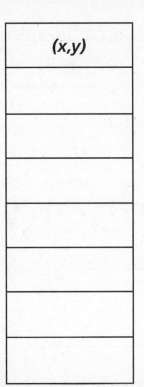

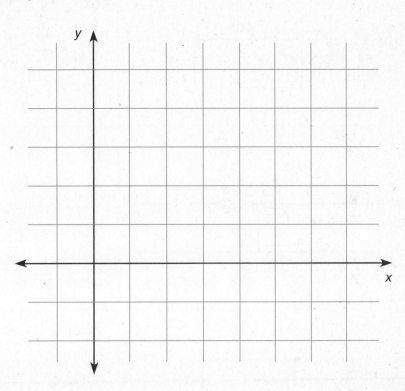

2 Haz la gráfica de los puntos descritos por los pares de números de la tabla.

Preparación para las pruebas

3 Jamal empezó a hacer la tarea a las 2:55 p.m. y terminó una hora y cincuenta minutos después. ¿Cuándo terminó de hacer la tarea?

A. 3:45 p.m.   **C.** 4:45 p.m.

B. 4 p.m.   **D.** 5:05 p.m.

4 ¿Qué enunciado numérico es verdadero si reemplazas ■ por 11?

A. $111 \div ■ = 11$

B. $121 \div ■ = 12$

C. $132 \div ■ = 12$

D. $110 \div ■ = 11$

Hallar dimensiones que faltan

Halla la dimensión o el área que falta en cada rectángulo.

1

7 cm

☐ cm | 21 cm²

2

9 cm

☐ cm | 27 cm²

3

16 cm

3 cm | ☐ cm²

4

☐ cm

4 cm | 24 cm²

5

☐ cm | 36 cm²

☐ cm

6

☐ cm | 64 cm²

☐ cm

Preparación para las pruebas

7 ¿Qué enunciado numérico se corresponde con esta situación?

Jan tiene 12 camisetas diferentes que combina con sus pantalones para hacer 108 conjuntos diferentes.

A. $12 + \blacksquare = 108$

C. $108 - 12 = \blacksquare$

B. $12 \times \blacksquare = 108$

D. $12 \times 108 = \blacksquare$

●Hallar factores que faltan

Escribe el número correcto en cada casillero.

1

$4 \times 3 =$ _____

$40 \times 3 =$ _____

$4 \times 30 =$ _____

$40 \times 30 =$ _____

2

$5 \times 7 =$ _____

$5 \times 70 =$ _____

$50 \times 7 =$ _____

$50 \times 70 =$ _____

3

$3 \times 11 =$ _____

$30 \times 11 =$ _____

$30 \times 110 =$ _____

$3 \times 110 =$ _____

4

$7 \times 9 =$ _____

$7 \times 90 =$ _____

$70 \times 90 =$ _____

$70 \times 9 =$ _____

5

$8 \times 700 =$ _____

$80 \times$ _____ $= 5,600$

$8 \times$ _____ $= 560$

_____ $\times 70 = 56,000$

6

$50 \times$ _____ $= 200$

$50 \times$ _____ $= 2,000$

_____ $\times 400 = 2,000$

_____ $\times 400 = 20,000$

Preparación para las pruebas

7 1 docena = 12

¿Cuánto es 50 docenas?

A. 60   C. 600

B. 120   D. 1,000

8 1 resultado = 20

¿Cuántos resultados hay en 800?

A. 4   C. 1,600

B. 40   D. 16,000

Hallar factores que faltan de forma más eficaz

Compara. Escribe <, > o =. Pista: Usa la estimación.

1 $24 \times 9 \bigcirc 20 \times 9$

2 $96 \times 7 \bigcirc 90 \times 7$

3 $38 \times 5 \bigcirc 40 \times 5$

4 $51 \times 8 \bigcirc 51 \times 10$

5 $27 \times 6 \bigcirc 25 \times 6$

6 $72 \times 4 \bigcirc 70 \times 4$

7 $83 \times 5 \bigcirc 80 \times 5$

8 $43 \times 6 \bigcirc 240$

9 $79 \times 8 \bigcirc 640$

10 $37 \times 5 \bigcirc 200$

11 $26 \times 4 \bigcirc 100$

12 $91 \times 6 \bigcirc 540$

13 $74 \times 7 \bigcirc 490$

14 $52 \times 8 \bigcirc 400$

Preparación para las pruebas

15 Un CD cuesta $11.99, con el impuesto incluido. Joyce compró 4 CD. Usa la estimación para decidir si gastó más o menos de $48. Explica cómo hallaste la respuesta.

_____

_____

Estimar cocientes y factores que faltan

Compara. Escribe <, > o =. Pista: Usa la estimación.

1 19×31 $\bigcirc$ 20×31

2 19×31 $\bigcirc$ 19×30

3 19×31 $\bigcirc$ 19×40

4 19×31 $\bigcirc$ 10×31

5 52×28 $\bigcirc$ 50×28

6 52×28 $\bigcirc$ 50×20

7 52×28 $\bigcirc$ 52×30

8 52×28 $\bigcirc$ 60×30

9 27×16 $\bigcirc$ 20×16

10 27×16 $\bigcirc$ 27×20

11 27×16 $\bigcirc$ 27×10

12 27×16 $\bigcirc$ 30×16

13 64×76 $\bigcirc$ 64×80

14 64×76 $\bigcirc$ 60×76

15 64×76 $\bigcirc$ 64×70

16 64×76 $\bigcirc$ 60×70

Preparación para las pruebas

17 La longitud de un jardín rectangular es diez veces el ancho. Si el ancho es 4 pies, ¿cuál es el área? Explica cómo hallaste la respuesta.

longitud

ancho

_____

_____

Dividir usando problemas de multiplicación

Resuelve.

1 $7 \times 10 =$ _____

$7 \times 3 =$ _____

$7 \times 13 =$ _____

2 $9 \times 20 =$ _____

$9 \times 1 =$ _____

$9 \times 21 =$ _____

3 $6 \times 6 =$ _____

$6 \times 40 =$ _____

$6 \times 46 =$ _____

4 $5 \times 30 =$ _____

$5 \times 6 =$ _____

$5 \times 36 =$ _____

5 $8 \times 90 =$ _____

$8 \times 4 =$ _____

$8 \times 94 =$ _____

6 $4 \times 60 =$ _____

$4 \times 2 =$ _____

$4 \times 62 =$ _____

7 $11 \times 30 =$ _____

$11 \times 5 =$ _____

$11 \times 35 =$ _____

8 $25 \times 4 =$ _____

$25 \times 80 =$ _____

$25 \times 84 =$ _____

9 $30 \times 90 =$ _____

$30 \times 1 =$ _____

$30 \times 91 =$ _____

10 $90 \times 5 =$ _____

$90 \times 50 =$ _____

$90 \times 55 =$ _____

11 $50 \times 70 =$ _____

$50 \times 5 =$ _____

$50 \times 75 =$ _____

12 $200 \times 20 =$ _____

$200 \times 9 =$ _____

$200 \times 29 =$ _____

Preparación para las pruebas

13 Los marcadores vienen en cajas de 8. La Sra. Snow compró 27 cajas pero luego devolvió 4 cajas. ¿Cuántos marcadores tenía entonces? Explica cómo hallaste la respuesta.

_____

_____

● Completar enunciados de división

Escribe el número correcto en cada casillero.

1

$6 \times 20 =$ _____

$6 \times 3 =$ _____

$6 \times 23 =$ _____

2

$4 \times 10 =$ _____

$4 \times 7 =$ _____

$4 \times 17 =$ _____

3

$7 \times 30 =$ _____

$7 \times 4 =$ _____

$7 \times 34 =$ _____

4

$5 \times 7 =$ _____

$5 \times 80 =$ _____

$5 \times 87 =$ _____

5

$9 \times 6 =$ _____

$9 \times 50 =$ _____

$9 \times 56 =$ _____

6

$8 \times 90 =$ _____

$8 \times 7 =$ _____

$8 \times 97 =$ _____

7

_____ $\div 30 = 50$

_____ $\div 8 = 50$

_____ $\div 38 = 50$

8

_____ $\div 50 = 25$

_____ $\div 9 = 25$

_____ $\div 59 = 25$

9

_____ $\div 5 = 1{,}000$

_____ $\div 10 = 1{,}000$

_____ $\div 15 = 1{,}000$

Preparación para las pruebas

10 ¿Cuántos centavos valen 16 monedas de 25¢?

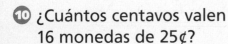

A 4   C. 400

B. 40   D. 4,000

11 ¿Cuántas monedas de 25¢ valen $5?

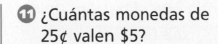

A. 20   C. 50

B. 40   D. 125

Crucigramas matemáticos

1 Completa el crucigrama. Cada número de las filas D y E es la diferencia entre los números de los dos casilleros de arriba de ese número.

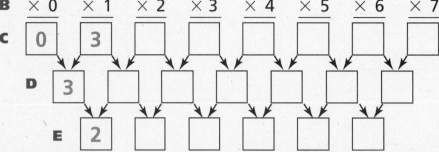

A	2	3	4	5	6	7	8	9
B	× 0	× 1	× 2	× 3	× 4	× 5	× 6	× 7
C	0	3						
D	3							
E	2							

2 ¿Qué observas acerca de los números de las filas A y B?

_____

_____

_____

3 ¿Qué observas acerca de los números de la fila D?

_____

Preparación para las pruebas

4 Multiplicar 37 por múltiplos de 3 forma un patrón.

$$37 \times 3 = 111$$
$$37 \times 6 = 222$$
$$37 \times 9 = 333$$

Suponiendo que el patrón continúa, ¿cuánto es 37×24?

A. 666   **C.** 888

B. 777   **D.** 999

5 Explica cómo hallaste la respuesta.

_____

_____

_____

_____

_____

● Introducción a las variables

1 Completa el crucigrama.

		A	B	C	D	E	F
Piensa en un número.	👝	2	8			1	
Suma 3.	👝 ···	5		15	10		
Triplica el resultado.	👝👝👝 :::::						
Resta 1.	👝👝👝 ::::						
Resta el número en que pensaste al principio.	👝👝 ::::						
Divide entre 2.	👝 ····						
Resta el número en que pensaste al principio.	····						

✏ Preparación para las pruebas

2 Tyken usó cuadrados para formar los patrones que se muestran abajo.

 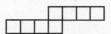 

¿Cuántos cuadrados tiene la 10ma. figura, siguiendo el patrón?

A. 16   **B.** 18   **C.** 20   **D.** 22

Introducción a una forma abreviada

1 Completa la forma abreviada en este crucigrama. Luego descubre los números en cada ronda del crucigrama.

Palabras	Dibujos	Forma abreviada	A	B	C
Piensa en un número.	👝	x	10	5	
Duplícalo.	👝👝	$2x$	20		
Duplícalo otra vez.	👝👝👝👝				
Resta el número en que pensaste al principio.	👝👝👝				
Suma 6.	👝👝👝 ⋮⋮				30
Divide entre 3.	👝 ··	$x + 2$			
Resta el número en que pensaste al principio.	··				

Preparación para las pruebas

2 Estas balanzas están equilibradas.

¿Qué otra balanza está equilibrada?

A.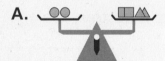

C.

B.

D.

Usar la forma abreviada para completar crucigramas matemáticos

Completa los números que faltan.

1

Piensa en un número. 👝		A	B	C	D	E
		12				
	👝👝 :::	30	14	6	40	8

2

Piensa en un número. 👝		F	G	H	I	J
			6			
	👝👝 + 100	138		220	150	100

3

Piensa en un número. x		K	L	M	N	O
					9	
	$5x + 75$	90	80	125		175

4

Piensa en un número. x		P	Q	R	S	T
					15	
	$3x + 150$	225	150	300		240

Preparación para las pruebas

5 Si $x = 4$, ¿cuánto es $3x + 18$?

A. 25
B. 28
C. 30
D. 52

6 Explica cómo hallaste la solución de $3x + 18$.

_____
_____
_____

Usar números cuadrados para recordar otras operaciones de multiplicación

Completa los diagramas y los enunciados numéricos.

1

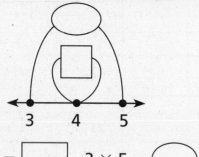

3   4   5

$4 \times 4 =$ ☐ $3 \times 5 =$ ⬭

2

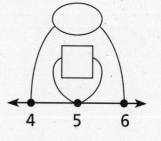

4   5   6

$5 \times 5 =$ ☐ $4 \times 6 =$ ⬭

3

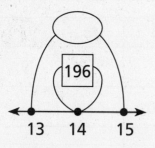

196

13   14   15

$14 \times 14 =$ ☐ $13 \times 15 =$ ⬭

4

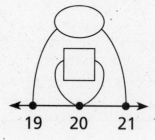

19   20   21

$20 \times 20 =$ ☐ $19 \times 21 =$ ⬭

Preparación para las pruebas

5 ¿Qué ecuación se corresponde con la tabla?

A	8	12	76
B	16	24	152

A. $A \times 3 = B$ C. $A + 10 = B$

B. $A + 3 = B$ D. $A \times 2 = B$

6 Explica cómo hallaste la ecuación correcta.

_____

_____

_____

_____

● Generalizar un patrón de multiplicación

Completa el enunciado numérico.

1

$7 \cdot 7 = \boxed{}$

$6 \cdot 8 = \bigcirc$

2

$11 \cdot 11 = \boxed{}$

$10 \cdot 12 = \bigcirc$

3

$(5 \cdot 5) - 1 = \boxed{}$

$4 \cdot 6 = \bigcirc$

4

$(10 \cdot 10) - 1 = \boxed{}$

$9 \cdot 11 = \bigcirc$

5

$(12 \cdot 12) - 1 = \boxed{}$

$11 \cdot 13 = \bigcirc$

6

$(15 \cdot 15) - 1 = \boxed{}$

$14 \cdot 16 = \bigcirc$

7

$(\boxed{} \cdot \boxed{}) - 1 = 399$

$19 \cdot 21 = \bigcirc$

8

$(\boxed{} \cdot \boxed{}) - 1 = 3{,}599$

$59 \cdot \bigcirc = 3{,}599$

Preparación para las pruebas

9 ¿Cuánto medirá aproximadamente un caimán a los diez años de edad?

TASA DE CRECIMIENTO DE LOS CAIMANES	
Años 1 a 5	1 pie al año
Años 6 a 15	3 pulgadas por año

A. 10 pies   **C.** 6 pies

B. 8 pies   **D.** 2 pies

Estrategias de estimación

Compara. Usa <, > o =. Pista: ¡Estima!

1   320 × 8 ◯ 180 × 10

2   16 × 9 ◯ 24 × 4

3   70 × 9 ◯ 90 × 7

4   93 × 15 ◯ 24 × 100

5   108 × 22 ◯ 250 × 8

6   99 × 19 ◯ 20 × 100

7   61 × 8 ◯ 52 × 9

8   53 × 8 ◯ 101 × 3

9   104 × 19 ◯ 206 × 15

10   272 × 5 ◯ 201 × 5

11   199 × 8 ◯ 147 × 6

12   189 × 12 ◯ 206 × 9

13   98 × 15 ◯ 198 × 10

14   89 × 9 ◯ 11 × 99

Preparación para las pruebas

1 galón = 4 cuartos

15 ¿Cuántos cuartos hay en 10 galones?

A. $2\frac{1}{2}$ C. 40

B. 20   D. 160

16 ¿Cuántos galones hay en 20 cuartos?

A. 5   C. 40

B. 10   D. 80

Estimar y comprobar la longitud y el perímetro

Sin usar una regla, indica, para cada medida, si es correcta, incorrecta o si es imposible saberlo.

1

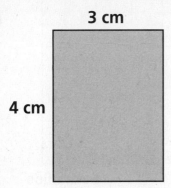

3 cm

4 cm

Perímetro = 12 cm

Correcta   Incorrecta   Imposible saberlo

Área = 12 cm²

Correcta   Incorrecta   Imposible saberlo

2

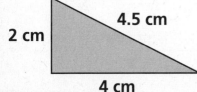

2 cm   4.5 cm

4 cm

Perímetro = 10.5 cm

Correcta   Incorrecta   Imposible saberlo

Área = 4 cm²

Correcta   Incorrecta   Imposible saberlo

3

2.5 cm

2 cm

Perímetro = 9 cm

Correcta   Incorrecta   Imposible saberlo

Área = 3.5 cm²

Correcta   Incorrecta   Imposible saberlo

Preparación para las pruebas

4 Resuelve: $1.32 + 0.9 = \blacksquare$

A. 1.329   C. 2.22

B. 1.41   D. 10.32

5 Resuelve: $1.32 - 0.9 = \blacksquare$

A. 0.37   C. 1.23

B. 0.42   D. 2.22

Diseñar una escuela

**Usa este plano de una tienda por departamentos
para responder las preguntas de abajo.**

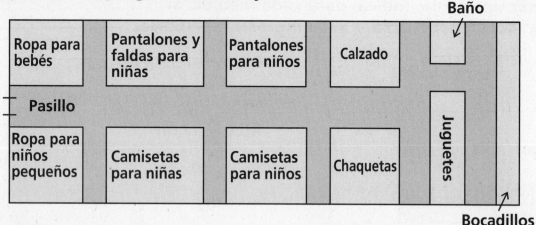

0 ¿Qué sección ocupa más espacio? _____

_____

2 ¿Qué sección tiene el perímetro más grande? _____

_____

3 Si el pasillo mide 6 pies de ancho, ¿cuál es el perímetro
aproximado de la sección de ropa para bebés? _____ pies

_____

4 Si el perímetro de la sección de calzado es 48 pies,
¿cuál es el área aproximada de esa sección? _____ pies cuadrados

---

Preparación para las pruebas

5 La longitud del jardín rectangular
es 10 veces su ancho. Si el ancho
es 4 pies, ¿cuál es el perímetro
del jardín? Explica tu razonamiento.

ancho ↕   **longitud**

_____

_____

_____

● Estimar y comprobar la capacidad

 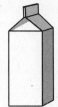

1 galón = 4 cuartos = 8 pintas = 16 tazas

1 _____ tazas = 1 cuarto

_____ tazas = 3 cuartos

2 2 pintas = _____ cuarto

10 pintas = _____ cuartos

3 _____ tazas = $\frac{1}{2}$ galón

_____ tazas = $1\frac{1}{2}$ galón

4 6 tazas = _____ pintas

_____ tazas = $7\frac{1}{2}$ pintas

5 8 tazas = _____ pintas

_____ pintas = 2 cuartos

8 tazas + 2 cuartos = _____ galón

6 5 pintas = _____ tazas

3 cuartos = _____ tazas

5 pintas + 3 cuartos = _____ tazas

Preparación para las pruebas

7 ¿Qué número hace que el enunciado numérico sea verdadero? Explica tu razonamiento.

$$4 \times 20 = 8 \times \blacksquare$$

_____

_____

_____

Comparar unidades de capacidad

Usa la estimación para comparar estas capacidades.

1 27 × 8 cuartos ◯ 26 × 8 cuartos

2 27 × 8 cuartos ◯ 26 × 8 galones

3 29 × 4 tazas ◯ 28 × 2 pintas

4 37 × 13 pintas ◯ 36 × 13 cuartos

5 81 × 27 pintas ◯ 82 × 14 cuartos

6 73 × 91 tazas ◯ 74 × 23 cuartos

7 17 litros × 23 ◯ 22 × 17 cuartos

8 56 × 65 litros ◯ 68 × 57 cuartos

9 48 × 62 tazas ◯ 61 × 12 cuartos

10 19 × 27 cuartos ◯ 27 × 80 tazas

11 34 × 28 pintas ◯ 27 × 34 pintas

12 52 × 23 galones ◯ 23 × 52 galones

Preparación para las pruebas

13 ¿Qué número hace que el enunciado numérico sea verdadero?

$(17 \times 30) + (17 \times \blacksquare) = 17 \times 38$

A. 38　　C. 8

B. 30　　D. 7

14 ¿Cuál es el valor de m en la ecuación $4m = 20$?

A. 5　　C. 24

B. 16　　D. 80

Estimar y comprobar el peso

¿El peso es razonable? Si no lo es, da una estimación razonable del peso.

1

5 kilogramos

Sí   No

Peso razonable

_____

2

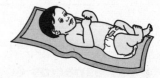

35 kilogramos

Sí   No

Peso razonable

_____

3

50 kilogramos

Sí   No

Peso razonable

_____

4

35 kilogramos

Sí   No

Peso razonable

_____

Preparación para las pruebas

5 Resuelve.

$7.93 + 0.09 = \blacksquare$

A. 7.102   **C.** 8.02

B. 7.989   **D.** 10.02

6 ¿Qué figura es un cuadrilátero con exactamente un par de lados paralelos?

A. paralelogramo   **C.** rombo

B. trapecio   **D.** hexágono

Comparar unidades de peso

1 Ordena estos pesos del más liviano al más pesado.

| 40 kg | 1 kg | 75 lb | 100 g | 1 lb | 12 oz | 3 toneladas |

___100 g___, _____, _____, _____, _____, _____, _____.

_____

Completa los espacios en blanco con una unidad razonable.

2 Un elefante pesa aproximadamente 2 ___toneladas___.

_____

3 Un adulto pesa aproximadamente 70 _____.

_____

4 Un bebé recién nacido pesa aproximadamente 7 _____.

_____

5 Una tarjeta de cumpleaños pesa aproximadamente 1 _____.

_____

6 Una caja de cereales pesa aproximadamente 1 _____.

Preparación para las pruebas

7 ¿Qué número hace que el enunciado numérico sea verdadero?

$$36 \times 81 = 36 \times 80 + \blacksquare$$

A. 30 **B.** 36 **C.** 80 **D.** 81

Usar ecuaciones y desigualdades para estimar

Resuelve.

1 Si 7 bolsas pesan 15 kilogramos, ¿1 bolsa pesa más que 2 kilogramos?

Sí   No

2 Si 7 bolsas pesan 15 kilogramos, ¿10 bolsas pesan más que 17 kilogramos?

Sí   No

3 Si 6 bolsas pesan 10 kilogramos, ¿10 bolsas pesan más que 20 kilogramos?

Sí   No

4 Si 10 bolsas pesan 5 kilogramos, ¿1 bolsa pesa más que 1 kilogramo?

Sí   No

5 Si 15 bolsas pesan 13 kilogramos, ¿21 bolsas pesan más que 25 kilogramos?

Sí   No

Preparación para las pruebas

6 Si $y = 3x - 18$ y $x = 12$, ¿cuánto vale y? Explica como hallaste la respuesta.

_____

_____

_____